Wolfgang Huhnt

Informationsverarbeitung in

Bauunternehmen

Struktur der Informationen zur
Bearbeitung betriebswirtschaftlicher
und baubetrieblicher Aufgaben

Mit 50 s/w-Abbildungen und 8 Tabellen

BAU PRAXIS **Birkhäuser**

Der Autor:

Privatdozent Dr.-Ing. habil. Wolfgang Huhnt
Bauhaus-Universität Weimar
Informatik im Bauwesen
Coudraystr. 7
D-99423 Weimar

Bibliografische Information der Deutschen Bibliothek
Die deutsche Bibliothek verzeichnet diese Publikation in der Deutschen Nationalbibliografie; detaillierte
bibliografische Daten sind im Internet über http://dnb.ddb.de abrufbar.

© 2003 Birkhäuser Verlag, Postfach 133, CH-4010 Basel, Schweiz
Ein Unternehmen der Fachverlagsgruppe BertelsmannSpringer

Gedruckt auf säurefreiem Papier, hergestellt aus chlorfrei gebleichtem Zellstoff. TCF ∞
Umschlaggestaltung: Karin Weisener
Umschlagfoto: Ed. Züblin AG
Printed in Germany
ISBN 3-7643-6524-2

9 8 7 6 5 4 3 2 1   www.birkhauser.ch

Vorwort

Die Informationsverarbeitung ist ein unverzichtbares Hilfsmittel bei der Bearbeitung nahezu aller Aufgaben im Bauwesen. Unternehmen investieren in Softwaresysteme, Mitarbeiter werden in der Anwendung geschult. Vor der Einführung von Systemen der Informationsverarbeitung werden teilweise vorhandene Arbeitsabläufe hinterfragt. Geänderte Abläufe werden entwickelt, die eine effizientere Bearbeitung mehrerer Aufgaben ermöglichen. Die überarbeiteten Abläufe werden durch das einzuführende Informationssystem unterstützt.

Die Informationsverarbeitung übernimmt somit nicht nur die Rolle, vorhandene und erprobte Methoden und Verfahren besser und effizienter zu unterstützen. Ein klassisches Beispiel hierfür ist der Einsatz des Rechners zur Bestimmung des Tragverhaltens von Bauwerken. Vor der digitalen Informationsverarbeitung galt die Randbedingung, dass Ingenieure das Tragverhalten von Bauteilen mit vertretbarem Zeitaufwand ausrechnen können mussten. Verfahren wurden entwickelt, die diesen Randbedingungen genügten. Diese Verfahren wurden bei der Einführung des Rechners codiert. Berechnungen mit dem Rechner konnten nun zwar schneller durchgeführt werden, nachhaltige Fortschritte wurden jedoch erst erzielt, als andere Berechnungsverfahren – allen voran die Methode der Finiten Elemente – genutzt wurden. Als Folge der numerischen Verfahren wurden die Arbeitsweisen geändert. Heute werden Daten zwischen Bearbeitern und verschiedenen Programmen ausgetauscht. Statische Berichte werden teilweise vollständig im Rechner erstellt und digital für weitere Arbeiten zur Verfügung gestellt.

Der Rechner ist ein universell einsetzbares Werkzeug. Systeme der Informationsverarbeitung sind verfügbar, mit deren Hilfe in Bauunternehmen Aufgaben von der Kalkulation von Baupreisen über Ausschreibung, Vergabe, Disposition, Baustellencontrolling, Einkauf von Baumaterialien, Personalverwaltung und Geräteverwaltung bis hin zur Abrechnung von Bauleistungen und zum Aufstellen des Jahresabschlusses unterstützt werden können.

Die Grundlagen der hierbei eingesetzten Verfahren wurden in verschiedenen Disziplinen, der Betriebswirtschaftslehre, dem Baubetrieb und allen übrigen planerischen und technischen Disziplinen des Bauwesens entwickelt. Die Entwicklung dieser Verfahren erfolgte teilweise parallel. Abstimmungen existieren nur an ausgewählten Stellen. An diesen Stellen findet ein Datenaustausch zwischen den verschiedenen Systemen statt. Änderungen in den Daten lassen sich über die Grenzen der jeweiligen Systeme hinweg nur schwer nachvollziehen. Die Folge ist ein erhöhter Aufwand bei der Bearbeitung. Die Bearbeitung ist fehleranfällig.

Das vorliegende Buch greift diese Problematik auf. Es zeigt einen Weg auf, wie die in den verschiedenen Disziplinen getrennt betrachteten Verfahren in ihren Grundlagen zusammengeführt werden können. Die Zusammenführung dieser Grundlagen erlaubt eine einheitliche und durchgängige Betrachtung und Unterstützung der Aufgaben eines Bauunternehmens. Prozesse werden entwickelt, die ein abgestimmtes und koordiniertes Arbeiten eines Bauunternehmens über die Grenzen der jeweiligen Fachdisziplinen hinweg erlauben. Die heute in der Praxis erprobten und eingesetzten Verfahren werden nach wie vor unterstützt, es steht aber darüber hinaus eine Grundlage zur Verfügung, die zur Entwicklung neuer, den modernen Technologien angepassten Arbeitsweisen dienen kann.

Ich danke Herrn Univ.-Prof. Dr.-Ing. Karl Beucke, der mir im Rahmen meiner Tätigkeit an der Bauhaus-Universität Weimar den Freiraum zur Bearbeitung dieser Thematik ermöglicht hat und der diese Arbeiten in vielfältiger Form unterstützt hat. Den Studenten, den akademischen und technischen Mitarbeitern am Lehrstuhl „Informatik im Bauwesen" der Bauhaus-Universität Weimar danke ich für die konstruktive Zusammenarbeit, die über offene Diskussionen wissenschaftlicher Fragestellungen weit hinaus ging.

Zur Bearbeitung dieses Themas war die Aufarbeitung von Problemen erforderlich, die mir als Ingenieur zu Beginn fremd waren. Ich danke Herrn Dipl.-Kfm. Martin Guhl für vielfältige Hinweise auf Literatur aus der Betriebswirtschaftslehre. Meiner Frau danke ich für entsprechende Hinweise aus den Rechtswissenschaften. In Herrn Dipl.-Ing. Rolf Schumann hatte ich einen Ansprechpartner, der sich zeitgleich in die Materie eingearbeitet hat und der mir mit Rat zur Seite stand.

Die vorliegende Arbeit wurde von der Fakultät Bauingenieurwesen der Bauhaus-Universität Weimar unter dem Titel „Struktur betriebswirtschaftlicher und baubetrieblicher Informationen in Bauunternehmen" als Habilitationsschrift angenommen. Mein Dank gilt Herrn Univ.-Prof. Dr.-Ing. Dipl.-

Wirtsch.-Ing. Hans Wilhelm Alfen, Bauhaus-Universität Weimar, Herrn Univ.-Prof. Dr.-Ing. Eberhard Petzschmann, Brandenburgische Technische Universität Cottbus, und Herrn Univ.-Prof. Dr. rer. nat. Ernst Rank, Technische Universität München, für die kritische Durchsicht und die Hinweise zur Arbeit.

Ich wünsche mir, dass die vorliegende Arbeit zur Diskussion anregt und dass die Inhalte in weiterführenden Arbeiten aufgegriffen werden.

Weimar, im Februar 2003 *Wolfgang Huhnt*

Inhalt

1 Einleitung

Gegenstand der vorliegenden Betrachtungen ist ein Unternehmen, das die Ausführung von Bauleistungen anbietet, durch eigene Mitarbeiter ausführt und ggf. Nachunternehmer beauftragt. In diesem Unternehmen sind zur Durchführung der Bauprojekte Aufgaben zu bearbeiten, deren Grundlagen in verschiedenen Fachgebieten behandelt werden. Dies betrifft im Wesentlichen die Betriebswirtschaftslehre, den Baubetrieb und weitere technische Disziplinen des Bauwesens. Darüber hinaus sind gesetzliche Vorschriften zu berücksichtigen.

Zur Durchführung der unterschiedlichen Aufgaben wurden in den beteiligten Disziplinen Methoden und Verfahren entwickelt. Diese Verfahren waren Grundlage der Entwicklung von Softwaresystemen. Der Einsatz dieser Softwaresysteme ermöglicht es, die verschiedenen Verfahren effizient durchführen zu können.

Die grundsätzliche Frage, die es zu lösen gilt, liegt in der Koordination und in der Abstimmung bei der Durchführung und Bearbeitung der verschiedenen Aufgaben. Bei der Entwicklung der Methoden und Verfahren wurden in den einzelnen Disziplinen Annahmen getroffen und Begriffe definiert. Diese Annahmen und diese Begriffe sind jedoch überwiegend nicht oder nur unzureichend aufeinander abgestimmt. Dementsprechend führt die Anwendung der Verfahren, die auf den getroffenen Annahmen und den definierten Begriffen beruhen, an den Verbindungsstellen – d.h. an Stellen, an denen die Verfahren fachlich einander beeinflussen und aufeinander aufbauen – zu Problemen.

Diese Probleme spiegeln sich wider in den Informationssystemen, die einem Unternehmen zu Verfügung stehen. Für die Durchführung der einzelnen Aufgaben existieren Werkzeuge, die die Bearbeitung unterstützen. Diese Werkzeuge sind jedoch überwiegend nur abgestimmt mit Werkzeugen zur Bearbeitung von Aufgaben aus demselben Fachgebiet. Standardisierte Austauschformate unterstützen teilweise die Zusammenarbeit auch über die Grenzen der Fachgebiete hinweg. Dies erfolgt, indem Daten von einem Informationssystem geschrieben und von einem weiteren Informationssystem gelesen werden. Da jedoch die Grundlagen bei der Bearbeitung der Aufgaben nicht aufeinander abgestimmt sind, gibt es keine eindeutigen Abbildungsvorschriften zwischen den Daten der verschiedenen Informationssysteme. Dies betrifft sowohl die Existenz von Daten als auch den Grad an Detaillierung und führt dazu, dass bei der Übernahme von Daten in der Regel zusätzlicher Aufwand erforderlich wird. Der Vorgang der Übernahme ist fehleranfällig und arbeitsintensiv. Er erlaubt kein automatisches Verfolgen von Änderungen und fällt somit sogar mehrfach wiederholt an. Dies führt zu Zeit- und Qualitätsverlusten bei der Bearbeitung.

Ziel der vorgestellten Überlegungen ist es, einen Weg zur Entwicklung einer einheitlichen Grundlage für die Durchführung der Aufgaben in einem Bauunternehmen aufzuzeigen. Dies beinhaltet nicht die Entwicklung neuer Verfahren. Es gilt, die Grundlagen der vorhandenen Methoden und Verfahren so aufeinander abzustimmen, dass Informationen ohne Transformation und Nachbearbeitung im erforderlichen Grad an Detaillierung für folgende Arbeiten zur Verfügung stehen und ohne zusätzlichen Aufwand genutzt werden können.

Die vorliegenden Betrachtungen gliedern sich in zwei Teile. Im Teil I der Arbeit wird der Stand der Technik näher betrachtet. Der Teil I gliedert sich in zwei Kapitel. Das erste Kapitel ist fachlichen Grundlagen gewidmet, das zweite Kapitel den vorhandenen Strukturen und Systemen.

Die Beschreibung der fachlichen Grundlagen ist eingeschränkt auf das externe und das interne Rechnungswesen sowie zu erfüllende gesetzliche Vorschriften. Das Rechnungswesen ist eine wesentliche Basis für ein Unternehmen. Im Rechnungswesen werden Informationen erfasst und bearbeitet. Dies betrifft – als Folge der gesetzlichen Vorschriften – alle Bereiche und alle Tätigkeiten des Unternehmens. Insofern sind Kenntnisse über das Rechnungswesen eine wesentliche Voraussetzung für die Entwicklung einer einheitlichen und abgestimmten Grundlage für die Aufgaben eines Bauunternehmens. Darüber hinaus wurden als Teil des Rechnungswesens spezifische Verfahren für das Bauwesen entwickelt, beispielsweise die Verfahren zur Kalkulation von Baupreisen. Diese Entwicklungen fanden parallel zu Entwicklungen in anderen Industriezweigen statt. Dies hat zu eigenen Begriffswelten und zu Verfahren geführt, die jeweils nur innerhalb einer Begriffswelt gültig sind. Insofern ist das Rechnungswesen prädestiniert, fachlich aufzuzeigen, dass die heute in einem Unternehmen eingesetzten Verfahren bereits in ihren Grundlagen nicht aufeinander abgestimmt sind.

Die Diskussion der bestehenden Strukturen beschränkt sich im Wesentlichen auf genormte Strukturen. Diese werden für die beteiligten Disziplinen Betriebswirtschaftslehre, Baubetrieb und weitere Technik getrennt vorgestellt. Bei der Diskussion der bestehenden Systeme werden grundlegende Eigenschaften der verschiedenartigen Systeme behandelt. Dies erfolgt getrennt für die jeweiligen Aufgabenbereiche, die durch die Systeme unterstützt werden. Die Diskussion ist beschränkt auf grundlegende Eigenschaften. Konkrete Systeme spezieller Hersteller werden nicht vorgestellt, da diese Systeme einer ständigen Weiterentwicklung unterliegen und insofern Aussagen über diese Systeme nur für den jeweiligen Stand der Entwicklung getroffen werden können.

Im Teil II der Arbeit wird eine Beschreibung von Informationsmodellen vorgestellt, auf deren Grundlage die Aufgaben eines Bauunternehmens informationstechnisch unterstützt werden können. Unter einem Bauunternehmen wird dabei ein Unternehmen verstanden, das – wie oben bereits erläutert – Bauleistungen anbietet und durch eigene Mitarbeiter oder Nachunternehmen ausführen lässt. Die Aufgaben selbst umfassen die gesetzlich zu erfüllenden (Finanzbuchhaltung inklusive Jahresabschluss), das interne Rechnungswesen (Betriebsbuchführung mit Kalkulation), das Management der Ausführung inklusive Arbeitsvorbereitung sowie die Personalverwaltung und die Verwaltung und Beschaffung von Materialien, Maschinen und Geräten. Durch die Modelle werden keine Aufgaben unterstützt, die ausschließlich einer technischen Bearbeitung zuzuordnen sind wie die Konstruktion und die Bemessung von Bauteilen oder die Verfahrenstechnik bei Gleitschalung oder beim Tunnelvortrieb. Die Aufgaben, die unterstützt werden, haben jedoch einen Bezug zur technischen Bearbeitung. Dieser Bezug wird aufgezeigt.

Der Anspruch an die Informationsmodelle ist zum einen, dass durch sie der Informationsfluss in einem Unternehmen ohne einen Verlust oder einen zusätzlichen Aufwand durch Transformation unterstützt wird. Zum anderen erlaubt die Methodik, die der Entwicklung der Modelle zugrunde liegt, eine Erweiterung auf andere Aufgabengebiete, beispielsweise im Hinblick auf die Abwicklung von Bauvorhaben in Arbeitsgemeinschaften, auf die Zusammenarbeit mit anderen Unternehmen wie Planungsbüros oder Wirtschaftsprüfern und Behörden oder auf die Erschließung anderer Geschäftsfelder wie die Bewirtschaftung von Bauwerken. Die Informationsmodelle bilden in ihrer Gesamtheit die Grundlage, auf der die einzelnen Aufgaben aufeinander abgestimmt bearbeitet werden können. Mit der Beschreibung der Informationsmodelle werden die Strukturen festgelegt, in denen die Informationen abgelegt und bereitgestellt werden.

Der Teil II gliedert sich in zwei Kapitel. Im ersten Kapitel werden die Modelle selbst vorgestellt. Im zweiten Kapitel wird gezeigt, wie die einzelnen Aufgaben auf die Informationsmodelle zugreifen und welche Abfolge der Aufgaben unterstützt wird. Die Bearbeitung der Aufgaben, die durch die Informationsmodelle unterstützt werden, basieren auf den heute verfügbaren und erprobten Verfahren und Methoden. Die Verfügbarkeit abgestimmter Informationen kann und wird dazu führen, neue Verfahren zu entwickeln. Neue Verfahren werden jedoch in den vorliegenden Betrachtungen nicht diskutiert. Dies soll erst in späteren Schritten erfolgen, damit ein kontinuierlicher gradueller Fortschritt erreicht werden kann.

Die Beschreibung der Informationsmodelle, der Abfolge der Aufgaben und der dafür erforderliche Zugriff auf die Informationen erfolgt auf der Grundlage der Mengenlehre. Dieses Vorgehen wurde bewusst gewählt, weil dadurch eine Formulierung entsteht, die einerseits von einer Umsetzung in Software unabhängig ist und andererseits eine Untersuchung entsprechend der in der Mathematik entwickelten Verfahren und Methoden ermöglicht. Die verfügbaren betriebswirtschaftlichen Systeme nutzen heute überwiegend die Funktionalitäten einer relationalen Datenbank. Die Informationsmodelle sind häufig als Entity-Relationship-Modelle (ERM) spezifiziert, da sich diese Beschreibung gut als Vorlage für die Umsetzung in eine relationale Datenbank eignet. Im Gegensatz hierzu werden Bauwerksmodelle, die eine technische Bearbeitung wie die Konstruktion (CAD) oder die Bemessung unterstützen, häufig objektorientiert entwickelt. Die informationstechnische Umsetzung nutzt in diesen Fällen häufig die Funktionalitäten von objektorientierten Datenbanken. Die Mengenlehre erlaubt es jedoch, unabhängig von den verschiedenen Möglichkeiten der Umsetzung und ohne eine vorherige Festlegung, Modelle zu beschreiben. Darüber hinaus erlaubt es diese Beschreibung, die formalen Verfahren und Methoden der Mathematik zu nutzen, um Aussagen über die Modelle zu treffen. Diese Aussagen betreffen die Funktionsfähigkeit der Modelle, Fehler lassen sich somit im Vorfeld einer Implementierung ausschließen. Auf diese Möglichkeiten wird bei der Betrachtung des Zusammenspiels von Informationen und Aufgaben näher eingegangen. Die Betrachtungen dieses Zusammenspiels können als eine Vorstufe der Prozesssimulation aufgefasst werden. Eine Prozesssimulation kann, aufbauend auf die Beschreibungen der Informationen und der Aufgaben, aufgesetzt werden.

Die vorliegenden Betrachtungen enden mit einem Kapitel, in dem die Erkenntnisse und die Ergebnisse zusammengefasst werden. Es wird diskutiert, wie sich die Ergebnisse im Hinblick auf zukünftige Arbeiten und Untersuchungen verwenden lassen.

Teil I
Stand der Technik

2 Fachliche Grundlagen

2.1 Allgemeines

Ziel des vorliegenden Kapitels ist es, fachliche Grundlagen aufzuarbeiten, die für den Betrieb eines Bauunternehmens erforderlich sind. Die fachlichen Grundlagen basieren einerseits auf gesetzlichen Vorschriften, die zu erfüllen sind. Andererseits wurden in der Betriebswirtschaftslehre und im Baubetrieb Konzepte und Vorgehensweisen entwickelt, auf deren Anwendung das wirtschaftliche Betreiben eines Unternehmens beruht. Aus diesen Gründen umfasst das vorliegende Kapitel sowohl gesetzliche Vorschriften als auch Konzepte und Vorgehensweisen der Betriebswirtschaftslehre sowie des Baubetriebs.

Ausgehend von elementaren Begriffen wird das Rechnungswesen behandelt. Dabei wird auf rechtliche Vorschriften eingegangen, die erfüllt werden müssen. Darüber hinaus werden Erkenntnisse der Betriebswirtschaftslehre erläutert, auf deren Grundlage ein Unternehmen gesteuert werden kann. Ziel der Steuerung ist es, das Unternehmen gewinnbringend führen zu können. Dabei kommen die speziellen Verfahren des Baubetriebs zum Einsatz. Das Rechnungswesen wird dabei getrennt für die externen und die internen Belange behandelt.

Die Beschreibung der vorgestellten fachlichen Grundlagen beginnt mit der Einführung grundlegender Begriffe aus der Betriebswirtschaftslehre. Aufbauend auf den Verfahren, deren Anwendung gesetzlich vorgeschrieben ist, werden die allgemeinen Verfahren der Kostenrechnung behandelt. Es wird aufgezeigt, wie sich die im Baubetrieb entwickelten Verfahren von den Verfahren der Betriebswirtschaftslehre unterscheiden. Dieser Weg wird gewählt, weil Teilbereiche des Baubetriebs als eine spezielle Betriebswirtschaftslehre aufgefasst werden können und somit auf der allgemeinen Betriebswirtschaftslehre aufbauen.

Das vorliegende Kapitel endet mit einer Beurteilung, in der wesentliche Probleme im Zusammenspiel der in einem Bauunternehmen durchzuführenden Arbeiten genannt sind. An Beispielen aus den fachlichen Grundlagen wird gezeigt, welcher Art die Probleme sind und welche Auswirkungen sie haben.

2.2 Elementare Begriffe

Wirtschaft: Der Begriff „Wirtschaft" kann ganz allgemein definiert werden als das „Gebiet menschlicher Tätigkeiten, das der Bedürfnisbefriedigung dient" [Wöhe 1996, S. 1]. Der Bedarf der Menschen kann einerseits durch Sachgüter und andererseits durch Dienstleistungen befriedigt werden. Ein typisches Beispiel für ein Sachgut ist ein Bauwerk. Ein typisches Beispiel für eine Dienstleistung ist die Tätigkeit eines Maklers, der potenzielle Mieter mit dem Besitzer oder Verwalter zusammenbringt.

Betrieb: Die Erstellung von Sachgütern und die Bereitstellung von Dienstleistungen erfolgen in der Regel ebenso wie der Absatz von Gütern und Leistungen sowie ihr Verbrauch in organisierten Einheiten. Unter dem Begriff „Betrieb" werden in der Betriebswirtschaftslehre nur die Einheiten verstanden, in denen „Sachgüter und Dienstleistungen erstellt und abgesetzt werden" [Wöhe 1996, S. 2]. Damit sind beispielsweise private Haushalte, die Verbraucher, nicht Gegenstand der Betriebswirtschaftslehre.

Rechtsform: Jeder Betrieb bedarf einer Rechtsform, damit er Sachgüter und Dienstleistungen anbieten und absetzen darf. Die möglichen Rechtsformen hat der Gesetzgeber festgelegt. Der Gesetzgeber unterscheidet zwischen privaten und öffentlichen Betrieben. Im Folgenden sind nur private Betriebe Gegenstand der weiteren Betrachtungen. Maßgebliche Gesetze für die Rechtsformen privater Betriebe sind:
– Bürgerliches Gesetzbuch (BGB),
– Handelsgesetzbuch (HGB),
– Aktiengesetz (AktG),
– Gesetz betreffend der Gesellschaften mit beschränkter Haftung (GmbHG).

Die einfachste Rechtsform eines Betriebes ist das Einzelunternehmen. Das Einzelunternehmen ist dadurch gekennzeichnet, dass einer Person der Betrieb gehört und dass diese Person die Geschäfte führt. Diese Person ist für die Geschäftstätigkeit verantwortlich und haftet mit all ihrem Besitz für die Tätigkeit des Betriebes.

Ein Betrieb kann auch mehreren Personen gehören. Diese Personen bilden eine Gesellschaft und werden als Gesellschafter bezeichnet. Wer in einer Gesellschaft in welcher Größenordnung für die Geschäftstätigkeit haftet, kann zur Klassifizierung der Gesellschaften herangezogen werden. Man unterscheidet Personen- und Kapitalgesellschaften. Die Personen- und Kapitalgesellschaften sind in Abbildung 2.1 erläutert.

Personengesellschaften:	Mindestens ein Gesellschafter haftet für die Tätigkeit des Betriebes mit allem, was er besitzt. Die übrigen Gesellschafter haften mit dem Kapital, das sie dem Betrieb zur Verfügung gestellt haben. Beispiel: Komanditgesellschaft (KG)
Kapitalgesellschaften:	Alle Gesellschafter haften mit dem Kapital, das sie der Gesellschaft zur Verfügung gestellt haben. Beispiel: Gesellschaft mit beschränkter Haftung (GmbH)

Abbildung 2.1: Klassifikation von Gesellschaften

Über die reinen Personen- und Kapitalgesellschaften hinaus, die in Abbildung 2.1 gezeigt sind, gibt es Mischformen, in denen der persönlich haftende Gesellschafter eine Kapitalgesellschaft ist. Ebenso existieren weitere Rechtsformen wie beispielsweise die Stiftung oder die Genossenschaft, die jedoch im Bauwesen eine untergeordnete Rolle spielen.

Eine spezifische Eigenart der Bauwirtschaft ist es, einen Bauauftrag in einer Arbeitsgemeinschaft (ARGE) auszuführen. Eine Arbeitsgemeinschaft ist eine Gesellschaft bürgerlichen Rechts (GbR), die von zwei oder mehreren Unternehmen für die Dauer der Abwicklung eines Bauauftrags gegründet wird. Die beteiligten Unternehmen sind die Gesellschafter. Die Anteile an der Gesellschaft werden vertraglich zwischen den Beteiligten festgelegt.

Firma: Der Begriff „Firma" ist im Handelsgesetzbuch definiert: „Die Firma eines Kaufmanns ist der Name, unter dem er im Handel seine Geschäfte betreibt und die Unterschrift abgibt" (§17 (1) HGB). Die Rechtsform des Betriebes ist Bestandteil des Namens. Ein Beispiel hierfür ist „Baumann GmbH". Die Baumann GmbH ist ein fiktives Unternehmen. Sie wird in den folgenden Ausführungen gewählt, wenn Zusammenhänge an Beispielen erläutert werden.

Kaufmann: Der Begriff „Kaufmann" ist ebenso wie der Begriff „Firma" im Handelsgesetzbuch definiert: „Kaufmann im Sinne dieses Gesetzbuchs ist, wer ein Handelsgewerbe betreibt" (§1 (1) HGB). Zu den Handelsgewerben gehören u.a. die Gewerbebetriebe, die die Übernahme der Bearbeitung für andere zum Gegenstand ihrer Geschäfte haben. Damit sind die Betreiber von Bauunternehmen vielfach automatisch Kaufleute. Ausgenommen sind lediglich handwerkliche oder sonstige gewerbliche Betriebe, deren Gewerbebetrieb keinen nach Art und Umfang in kaufmännischer Weise eingerichteten Geschäftsbetrieb erfordern.

Ein Kaufmann ist in seinem Handeln nicht uneingeschränkt frei. Er muss Verpflichtungen erfüllen, die der Gesetzgeber vorschreibt. Eine wesentliche Verpflichtung ist es beispielsweise, dass ein Kaufmann über seine Aktivitäten Rechenschaft ablegen muss. Entsprechende Berichte muss der Kaufmann teilweise den Gesellschaftern, teilweise den Geschäftspartnern, der Belegschaft, den Finanzbehörden und auch teilweise der Öffentlichkeit vorlegen.

Der Gesetzgeber unterscheidet verschiedene Arten von Kaufleuten. Beispiele sind Musskaufmann, Sollkaufmann, Kannkaufmann oder Minderkaufmann. Diese Unterscheidungen dienen teilweise dazu, den Kreis der Kaufleute zu erweitern. Dies betrifft im Bauwesen insbesondere die Arbeitsgemeinschaften, deren Betreiber in ihrem Handeln ebenso nicht uneingeschränkt frei sind.

Handelsregister: „Das Handelsregister wird von den Gerichten geführt" (§8 HGB). Die Einsicht in das Handelsregister ist jedem gestattet. Jeder Kaufmann ist verpflichtet, seine Firma und den Ort seiner Hauptniederlassung zur Eintragung in das Handelsregister anzumelden. Er muss dies bei dem Gericht tun, in dessen Bezirk sich der Sitz seiner Firma befindet.

Unternehmen/Unternehmung: In der Betriebswirtschaft werden die Begriffe „Unternehmen" und „Unternehmung" in der Regel synonym verwendet. Im Gegensatz zum Begriff „Betrieb" sind beide Begriffe nicht eindeutig definiert, in ihrer Verwendung weichen sie jedoch nicht grundsätzlich vom Begriff „Betrieb" ab. In den Rechtswissenschaften wird der Begriff Unternehmung in der Regel nicht verwendet. Der Begriff „Unternehmen" wird oft analog zu dem in der Betriebswirtschaft definierten Begriff „Betrieb" verwendet.

Konzern: Der Begriff „Konzern" ist im Aktiengesetz definiert: „Sind ein herrschendes und ein oder mehrere abhängige Unternehmen unter einer einheitlichen Leitung zusammengefasst, so bilden sie einen Konzern; die einzelnen Unternehmen sind Konzernunternehmen" (§8 (1) AktG). Beispiele für

Konzerne sind die großen deutschen Bauunternehmen, die an verschiedenen Unternehmen im Inland und Ausland beteiligt sind. Zusammen mit ihren Beteiligungsgesellschaften bilden sie jeweils einen Konzern.

2.3 Rechnungswesen

Aufgabe: „Das Rechnungswesen ist die Gesamtheit der Einrichtungen und Verrichtungen, die bezwecken, alle wirtschaftlich wesentlichen Gegebenheiten und Vorgänge ... zu erfassen" [Olfert/Rahm 1994, S. 371]. Die Erfassung erfolgt zahlenmäßig in Währungseinheiten. Vorgänge, die nicht direkt in Währungseinheiten gemessen werden können, werden anderweitig mengenmäßig erfasst, bewertet und auf der Grundlage der Bewertung in Währungseinheiten umgerechnet. Die Dokumentation erfolgt nachvollziehbar und lückenlos. Dies ist teilweise gesetzlich vorgeschrieben, teilweise ist dies eine Folge der Anforderungen an die weitere Verwendung der Dokumentation.

Die Frage, welche Vorgänge und Gegebenheiten wirtschaftlich wesentlich sind, kann unterschiedlich beantwortet werden. Wirtschaftliche Auswirkungen hat – wenn man es sehr genau nimmt – sogar das Ziehen eines Strichs mit einem Bleistift auf einem Blatt Papier. Bei diesem Vorgang wird Graphit verbraucht, das dem Betrieb nicht mehr zur Verfügung steht. Mit diesem Vorgang soll Geld verdient werden, wenn der Strich beispielsweise Bestandteil einer technischen Zeichnung ist und diese verkauft werden soll. Die wirtschaftlichen Auswirkungen derartig detailliert betrachteter Vorgänge sind jedoch in der Regel nicht wesentlich, so dass im vorliegenden Fall die Fertigstellung einer oder mehrerer Zeichnungen erfasst würde.

Struktur: Das Rechnungswesen kann in zwei verschiedene Bereiche strukturiert werden, das externe Rechnungswesen und das interne Rechnungswesen. Dies ist in Abbildung 2.2 gezeigt.

Das externe Rechnungswesen wird auch als Finanzbuchführung bezeichnet, in dem „die Außenbeziehungen des Unternehmens erfasst werden" [Olfert/ Rahm 1994, S. 372]. Aufgabe des externen Rechnungswesens ist es dementsprechend, die Vorgänge, die zwischen dem Betrieb und Dritten ablaufen, zu erfassen und zu dokumentieren. Das externe Rechnungswesen ist je nach Rechtsform sowie ab einem gewissen Umsatz des Betriebes gesetzlich vorgeschrieben. Maßgebliche Gesetze sind hierbei das Handelsgesetzbuch und die Abgabenordnung. In den Gesetzen ist die Art und Weise, wie das externe

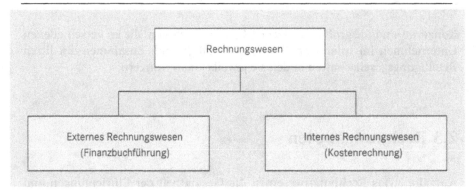

Abbildung 2.2: Struktur des Rechnungswesens

Rechnungswesen zu betreiben ist, teilweise sehr detailliert festgelegt. Ziel dieser Vorschriften ist es, die Ordnungsmäßigkeit des Geschäftsbetriebes prüfen zu können.

Das interne Rechnungswesen wird auch als Kostenrechnung oder Betriebs-buchführung bezeichnet, das „sich mit dem internen Geschehen beschäftigt" [Olfert/Rahm 1994, S. 372]. Aufgabe des internen Rechnungswesens ist es dementsprechend, alle internen Vorgänge, die innerhalb des Betriebes ablau-fen, zu erfassen und zu dokumentieren. Das interne Rechnungswesen unter-liegt keinen gesetzlichen Vorschriften.

Die Dokumentation der internen Vorgänge wird ausgewertet und zur Steu-erung der internen betrieblichen Vorgänge genutzt. Dies nennt man Con-trolling. Ob das Controlling selbst, also das Steuern auf der Grundlage der Auswertung des internen Rechnungswesens, ein eigenständiger Bereich des Rechnungswesen ist, wird in der Literatur unterschiedlich gesehen.

Ein weiteres Beispiel für die Ergebnisse von Auswertungen des internen Rechnungswesens sind die im Bauwesen als Grundlage der Kalkulation ver-wendeten Einheitspreise. In Bauunternehmen wird die Angebotsbearbeitung in der Regel organisatorisch getrennt vom Rechnungswesen durchgeführt. Aufgabe des internen Rechnungswesens ist es dabei, die Einheitspreise zu bestimmen und den Kalkulationsabteilungen zur Verfügung zu stellen.

Dokumentation: Bei der Dokumentation der Vorgänge hat es sich als zweck-mäßig herausgestellt, die verschiedenartigen Vorgänge inhaltlich voneinan-der getrennt zu dokumentieren. Für diesen Zweck hat man das Konto einge-führt. Die Vorgänge werden nach inhaltlichen Gesichtspunkten klassifiziert. Im externen Rechnungswesen wird diese Klassifikation teilweise durch den

Gesetzgeber vorgeschrieben. Jeder Vorgangsklasse wird ein Konto zugewiesen. Grundgedanke der Führung eines Kontos ist es, die Veränderungen in dieser Klasse von Vorgängen, also jeden einzelnen Vorgang selbst, darzustellen. Diese Darstellung erfolgte vor der Einführung der EDV sequentiell in Büchern. Aus diesem Grund wird der Vorgang der Dokumentation als Buchführung bezeichnet, jede einzelne Eintragung, durch die ein Konto verändert wird, wird als Buchung bezeichnet.

Beleg: Das Ereignis, das zu einer Veränderung der Konten führt, muss ebenso wie die Veränderung des Kontos dokumentiert werden. Hierzu wird der Beleg verwendet. „Der Beleg bildet die Grundlage jeder Verbuchung" [Döring/Buchholz 1995, S. 180]. Er beschreibt den Geschäftsvorfall sowie in einer Aufzählung die einzelnen Vorgänge, die der Geschäftsvorfall ausgelöst hat. Jede dieser einzelnen Positionen hat eine Veränderung mindestens eines Kontos zur Folge, so dass jede Position des Beleges zu einer Buchung führt.

Belege können in ihrem Aufbau vereinheitlicht werden. Der grundsätzliche Aufbau eines Beleges ist in Abbildung 2.3 gezeigt.

Belegkopf:	Beschreibung des Geschäftsvorfalls
Belegpositionen:	Aufzählung der einzelnen Vorgänge, die der Geschäftsvorfall ausgelöst hat. Die Anzahl der Belegpositionen ist ≥ 1.

Abbildung 2.3: Aufbau des Beleges

Buchführungspflicht: Der Gesetzgeber schreibt vor, dass Betriebe zur ordnungsgemäßen Buchführung verpflichtet sind. Grundsätzlich sind alle im Handelsregister eingetragenen Betriebe buchführungspflichtig. Darüber hinaus erweitern das Einkommensteuerrecht (EStR) und die Abgabenordnung (AO) den Kreis der buchführungspflichtigen Betriebe. Arbeitsgemeinschaften unterliegen in der Regel auch der Buchführungspflicht.

Ordnungsgemäße Buchführung: Unter dem Begriff „Grundsätze ordnungsmäßiger Buchführung (GoB)" werden Regeln der Rechnungslegung zusammengefasst. „Die GoB haben Rechtsnormcharakter, d.h. sie sind verbindlich anzuwenden, ..." [Gabler 1993, S. 1416]. In der Betriebswirtschaftslehre werden zwei Arten der Ordnungsmäßigkeit unterschieden, die materielle Ordnungsmäßigkeit und die formelle Ordnungsmäßigkeit. Unter der materiellen Ordnungsmäßigkeit werden die Aspekte vollständig und richtig zusammengefasst, unter der formellen Ordnungsmäßigkeit die Aspekte klar und übersichtlich.

Maßgebliche Gesetzte sind hierfür das Handelsgesetzbuch oder die Abgabenordnung. Das Handelsgesetzbuch bezieht sich auf die Grundsätze ordnungsmäßiger Buchführung: „Jeder Kaufmann ist verpflichtet, Bücher zu führen und in diesen die seine Handelsgesetze und die Lage seines Vermögens nach den Grundsätzen ordnungsmäßiger Buchführung ersichtlich zu machen" (§238 (1) Satz 1 HGB). Darüber hinaus wird in Satz 2 desselben Absatzes gefordert: „Die Buchführung muss so beschaffen sein, dass sie einem sachverständigen Dritten innerhalb angemessener Zeit einen Überblick über die Geschäftsvorfälle und über die Lage des Unternehmens vermitteln kann". In der Abgabenordnung regelt §146 die Ordnungsvorschriften für die Buchführung und für die Aufzeichnungen. Auszüge aus diesem Paragraphen sind in Abbildung 2.4 gezeigt.

Abs. 1, Satz 1	Die Buchungen und die sonst erforderlichen Aufzeichnungen sind vollständig, richtig, zeitgerecht und geordnet vorzunehmen.
Abs. 3, Satz 1	Die Buchungen und die sonst erforderlichen Aufzeichnungen sind in einer lebenden Sprache vorzunehmen.
Abs. 4, Satz 1	Eine Buchung oder eine Aufzeichnung darf nicht in einer Weise Verändert werden, dass der ursprüngliche Inhalt nicht mehr feststellbar ist.
Abs. 5, Satz 1	Die Bücher und die sonst erforderlichen Aufzeichnungen können auch in einer geordneten Ablage von Belegen bestehen oder auf Datenträgern geführt werden, soweit diese Formen der Buchführung einschließlich des dabei angewandten Verfahrens den Grundsätzen der ordnungsgemäßen Buchführung entsprechen; ... .

Abbildung 2.4: Auszug aus §146 Abgabenordnung

Der Gesetzgeber erlaubt den Einsatz von Datenträgern. In der Praxis werden vielfach computergestützte Buchführungssysteme eingesetzt. „Computergestützte Buchführungssysteme sind zulässig, wenn die Anforderungen, die durch die Grundsätze ordnungsmäßiger Buchführung an sie gestellt werden, erfüllt sind" [Mertens 1997, S. 183].

Arten der Buchführung: Es gibt zwei verschiedene Arten, die Bücher zu führen, die einfache und die doppelte Buchführung.

Die einfache Buchführung ist aus der Tatsache heraus entstanden, dass das, was ein Betrieb noch zu fordern oder noch zu zahlen hat, nur über Aufzeichnungen kontrolliert werden kann. Diese Dinge können nicht „in Augenschein" genommen werden. Die Forderungen und Verbindlichkeiten werden bei der einfachen Buchführung dokumentiert. Der Gegenwert der Forderungen oder Verbindlichkeiten, beispielsweise gelieferte Waren oder Bargeld, wird bei Bedarf „per Augenschein" festgestellt.

Im Gegensatz zur einfachen Buchführung werden bei der doppelten Buchführung immer zwei Dinge dokumentiert: Es wird dokumentiert, wofür ein Wert verwendet wird, und es wird dokumentiert, woher der Wert kommt. Die Verwendung des Wertes wird mit der Sollbuchung, die Herkunft des Wertes mit der Habenbuchung erfasst und dokumentiert. Das Grundprinzip der doppelten Buchführung ist in Abbildung 2.5 gezeigt.

Kontenrahmen: Die Klassifikation der Vorgänge, die in einem Betrieb ablaufen, und die daraus resultierenden Konten werden im Rechnungswesen Kontenrahmen genannt. Der Kontenrahmen klassifiziert die Vorgänge und weist den Klassen Konten zu.

In der Literatur sind eine Vielzahl von Kontenrahmen beschrieben, die auch in Betrieben eingesetzt werden. Beispiele für Kontenrahmen sind der Gemeinschaftskontenrahmen Industrieller Verbände (GKR), der Industriekontenrahmen (IKR), der Baukontenrahmen (BKR) und der DATEV-Kontenrahmen (DATEV = Datenverarbeitungsorganisation des steuerberatenden Berufes in der Bundesrepublik Deutschland).

Organisation: Das Rechnungswesen kann entsprechend der Einteilung in das externe Rechnungswesen und das interne Rechnungswesen organisatorisch in einer Einheit oder in zwei Einheiten abgebildet werden.

Sollbuchung	Habenbuchung
Wertverwendung: Wofür wird der Wert verwendet?	Wertherkunft: Woher kommt der Wert?

Beispiel:

Die Baumann GmbH erhält eine Lieferung von 10 m³ Kalksandsteine NF im Wert von EUR 750,–
von der Steinmann GmbH.

Buchungen der Baumann GmbH:

Sollbuchung	Habenbuchung
Konto Wareneingang: EUR 750,–	Konto Lieferantenverbindlichkeiten: EUR 750,–
Grund: 10 m³ Kalksandsteine NF	Grund: Verbindlichkeit gegenüber Steinmann GmbH

Abbildung 2.5: Doppelte Buchführung

Wenn das Rechnungswesen organisatorisch als eine Einheit abgebildet wird,
werden die Buchungen innerhalb dieser Einheit vorgenommen. Man spricht
in diesem Fall von einem Einkreissystem.

Beim Zweikreissystem sind das externe und das interne Rechnungswesen
organisatorisch voneinander getrennt. Sie bilden zwei Kreise, die jeweils in
sich geschlossen sind. Die Verbindung zwischen den Kreisen erfordert die
Einführung zusätzlicher Konten.

Die Entscheidung, das Rechnungswesen als Einkreissystem oder als Zweikreissystem abzubilden, wird nicht durch den Gesetzgeber vorgegeben.
Allerdings steht diese Entscheidung im Zusammenhang mit der Wahl des
Kontenrahmens. Beim GKR kann beispielsweise das Einkreissystem eingesetzt werden. Im IKR ist im Gegensatz dazu das Einkreissystem nicht vorgesehen.

2.4 Externes Rechnungswesen

2.4.1 Grundlagen

Aufgabe: Aufgabe des externen Rechnungswesens ist es, alle Geschäftsvorfälle, die zwischen dem Betrieb und Dritten ablaufen, zu erfassen und zu
dokumentieren. Auf der Grundlage dieser Dokumentation sind Berichte
anzufertigen. Mit diesen Berichten legt der Kaufmann Rechenschaft über
die Aktivitäten des Betriebes ab und erfüllt seine Informationspflichten
gegenüber den Gesellschaftern, den Geschäftspartnern, der Belegschaft, den
Finanzbehörden und der Öffentlichkeit. Inhalt dieser Berichte sind die Ver-
mögenslage, die Finanzlage und auch die Ertragslage des Betriebs.

Berichte: Zur Rechenschaftslegung und zur Erfüllung der Informations-
pflicht sind im Wesentlichen zwei Berichte anzufertigen, die Bilanz und die
Gewinn- und Verlustrechnung (GuV-Rechnung).

„Im betriebswirtschaftlichen Sinne kann die Bilanz als Gegenüberstellung
von Vermögen (Aktiv-Seite) und Kapital (Passiv-Seite) zu einem bestimmten
Zeitpunkt bezeichnet werden" [Olfert/Körner 1992, S. 21]. Das Vermögen
umfasst alle Dinge zum Betrieb der Unternehmung, durch das Kapital wird
das Vermögen finanziert. Da sich Vermögen und Kapital ständig ändern, wird
die Bilanz zu einem bestimmten Zeitpunkt (Stichtag) aufgestellt. Bilanzen
sind jährlich aufzustellen. Es gibt verschiedene Arten von Bilanzen. Beispiele
hierfür sind die Handelsbilanz und die Steuerbilanz.

Die GuV-Rechnung umfasst sämtliche Erträge und „sämtliche Aufwendungen einer Abrechnungsperiode und ermittelt so nicht nur den Erfolg als
Saldo, sondern zeigt auch die Quellen des Erfolgs auf, d.h. sie erklärt sein
Zustandekommen" [Wöhe 1996, S. 1136]. In der Regel werden die Bilanz
und die GuV-Rechnung zum selben Zeitpunkt aufgestellt. Die Bilanz legt das
Vermögen und das Kapital zu diesem Zeitpunkt, die GuV-Rechnung den in
der vergangenen Zeitperiode erwirtschafteten Gewinn bzw. Verlust offen. Es

gibt verschiedene Verfahren, nach denen die GuV-Rechnung durchgeführt werden kann. Beispiele hierfür sind das Gesamtkostenverfahren und das Umsatzkostenverfahren.

Neben der Bilanz und der GuV-Rechnung kann es erforderlich sein, dass ein Betrieb weitere Berichte anfertigen muss. Dies kann ein Anhang zur Bilanz bzw. zur GuV-Rechnung oder ein Lagebericht sein. Diese zusätzlichen Berichte enthalten im Wesentlichen Erläuterungen zum Gesamtbild des Betriebes.

Gesetzliche Vorschriften: Der Gesetzgeber hat festgelegt, wer ein externes Rechnungswesen zu betreiben und wie dies im Einzelnen zu erfolgen hat. Maßgebliche Gesetze sind hierbei:
- Handelsgesetzbuch (HGB),
- Aktiengesetz (AktG),
- Gesetz betreffend der Gesellschaften mit beschränkter Haftung (GmbHG),
- Abgabenordnung (AO),
- Publizitätsgesetz (PublG).

Ebenso ist gesetzlich geregelt, wann und mit welcher Struktur die Berichte zu erstellen sind. Der Gesetzgeber schreibt ebenso vor, wem Einblick in diese Berichte zu gewähren ist. Maßgebliche Gesetze sind hierfür:
- Handelsgesetzbuch (HGB),
- Abgabenordnung (AO).

2.4.2 Bestandsgrößen
Besitz und Eigentum: In den Rechtswissenschaften hat man die Begriffe „Besitz" und „Eigentum" eindeutig definiert. Näheres regelt hierbei das Bürgerliche Gesetzbuch. Damit kann bestimmt werden, was einem Betrieb gehört und was er besitzt.

§854 BGB regelt, wie Besitz an einer Sache erworben werden kann. Dies geschieht, indem die tatsächliche Gewalt über die Sache erlangt wird.

Der Gesetzgeber unterscheidet beim Eigentum zwischen beweglichen Sachen und unbeweglichen Sachen.

Eigentum an beweglichen Sachen kann auf verschiedene Arten erworben werden. Es kann dadurch erworben werden, dass man sich mit dem Eigentümer einigt und die Sache übergeben bekommt, dass man eine herrenlose Sache in Besitz nimmt oder dass man 10 Jahre eine Sache besitzt. Näheres regeln §§ 929, 958 und 937 BGB.

Eigentum an einer unbeweglichen Sache erfordert die Einigung mit dem Eigentümer und die Eintragung in das Grundbuch. Damit geht der Gesetzgeber davon aus, dass es keine herrenlosen unbeweglichen Sachen gibt. Näheres regelt §873 BGB.

Vorschriften für Betriebe: Die Begriffe „Besitz" und „Eigentum" sind zur Klassifikation des Bestandes eines Betriebes nicht ausreichend. Der Gesetzgeber schreibt eine Klassifikation vor, die als Grundlage der Bilanz zu wählen ist. Für die Handelsbilanz regelt dies das HGB, für die Steuerbilanz die AO.

Inventar: Der Bestand eines Betriebes wird in einem Inventar erfasst. Die Klassifikation des Inventars umfasst auf der einen Seite all die Dinge, die der Betrieb zur Geschäftsführung aktiv einsetzt. Dies wird als Aktivseite bezeichnet. Alle Dinge, die der Betrieb zur Finanzierung der Aktivseite einsetzt, werden als Passivseite bezeichnet.

Im Folgenden werden die Begriffe „Aktivseite" und „Passivseite" in ihrer Bedeutung entsprechend der Handelsbilanz näher erläutert. Die Steuerbilanz unterscheidet sich nicht wesentlich von der Handelsbilanz. Daher wird im Folgenden auf die Steuerbilanz nicht näher eingegangen. Die Begriffe „Aktivseite" und „Passivseite" sind in Abbildung 2.6 gezeigt.

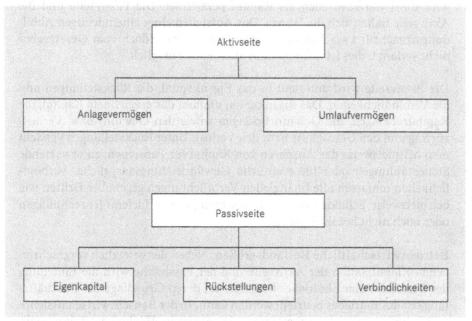

Abbildung 2.6: Bestandsgrößen nach HGB

Aktivseite: Die Aktivseite umfasst alles, was der Betrieb für seine Geschäftstätigkeit benutzt. In der Betriebswirtschaftslehre wird die Aktivseite auch als
Vermögen bezeichnet. Hierbei kann es sich sowohl um Eigentum als auch
um Besitz handeln. Ein Beispiel für Eigentum kann ein Grundstück sein, das
ein Bauunternehmen zur Lagerung seiner Materialien nutzt. Ein Beispiel für
Besitz kann eine Baumaschine sein, die im Betrieb zur Erbringung von Bauleistungen genutzt wird und deren Brief einer Bank als Sicherheit übergeben
wurde.

Die Aktivseite wird unterteilt in das Anlagevermögen und das Umlaufvermögen. Das Anlagevermögen umfasst die immateriellen Vermögensgegenstände
wie Konzessionen, Lizenzen oder geleistete Anzahlungen, Sachanlagen wie
Grundstücke, technische Anlagen oder Geschäftsausstattungen, und Finanz-
anlagen wie Anteile an verbundenen Unternehmen, Beteiligungen oder
Ausleihungen an verbundene Unternehmen. Das Umlaufvermögen umfasst
Vorräte wie Rohstoffe, unfertige Erzeugnisse oder fertige Erzeugnisse, Forderungen und sonstige Vermögensgegenstände wie Forderungen aus Lieferun-
gen und Leistungen, Wertpapiere und Kassenbestände sowie Guthaben bei
Kreditinstituten.

Passivseite: Die Passivseite umfasst alles, was der Betrieb zur Finanzierung
und Bereitstellung der Aktivseite benutzt. In der Betriebswirtschaftslehre
wird die Passivseite auch als Kapital bezeichnet. Die Passivseite und die
Aktivseite halten sich die Waage. Das Aufstellen einer eineindeutigen Abbildungsvorschrift zwischen den beiden Seiten wird jedoch vom Gesetzgeber
nicht verlangt, dies ist auch nicht in allen Fällen möglich.

Die Passivseite wird unterteilt in das Eigenkapital, die Rückstellungen und
die Verbindlichkeiten. Das Eigenkapital umfasst das gezeichnete Kapital, die
Kapitalrücklagen, die Gewinnrücklagen sowie den Gewinn- bzw. Verlustvortrag und den Überschuss bzw. den Verlust. Unter Rückstellungen versteht
man beispielsweise das Ansparen von Kapital für Pensionen, zu erwartende
Steuerzahlungen oder für eventuelle Gewährleistungsansprüche. Verbindlichkeiten umfassen alle finanziellen Verpflichtungen gegenüber Dritten wie
beispielsweise Schulden bei Kreditinstituten, offene Lieferantenrechnungen
oder noch nicht bezahlte Steuern.

Betriebswirtschaftliche Bestandsgrößen: Neben der gesetzlich vorgeschrie-
benen Klassifikation der Aktivseite und der Passivseite wird die Einteilung
des Bestandes eines Betriebes benötigt, auf deren Grundlage die Geschäftstätigkeit des Betriebes beurteilt werden kann. In der Betriebswirtschaftslehre
wurde hierzu eine Klassifikation entwickelt, die in Abbildung 2.7 dargestellt
ist.

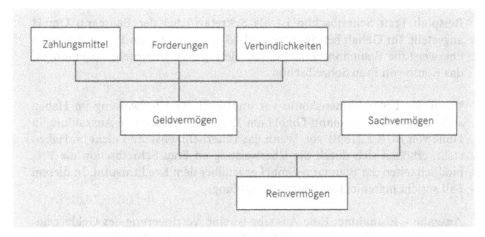

Abbildung 2.7: Betriebswirtschaftliche Bestandsgrößen

Zahlungsmittel setzen sich zusammen aus den Kassenbeständen und dem jederzeit verfügbaren Bankguthaben. Zahlungsmittel plus Forderungen minus Verbindlichkeiten ergeben den Bestand an Geldvermögen. Das Reinvermögen des Betriebes ergibt sich aus dem Geldvermögen plus dem sämtlichen Sachvermögen.

Die Klassifikation der betriebswirtschaftlichen Bestandsgrößen ist nicht deckungsgleich mit der Klassifikation des Bestandes, wie dies beispielsweise im HGB geregelt ist. Die betriebswirtschaftlichen Bestandsgrößen klassifizieren im Wesentlichen die Aktivseite entsprechend Abbildung 2.6, wobei die Verbindlichkeiten Bestandteil der betriebswirtschaftlichen Bestandsgrößen sind. Diese werden entsprechend Abbildung 2.6 bei der Klassifikation des Bestandes der Passivseite zugeordnet. Damit entspricht das Reinvermögen dem Kapital eines Betriebes, das sich aus dem Eigenkapital des Betriebes und seinen Rückstellungen ergibt.

2.4.3 Veränderungen des Bestandes
In der Betriebswirtschaftslehre wurden Begriffe geprägt, mit denen die Veränderungen des Bestandes eines Betriebes bezeichnet werden können. Diese Begriffe sind im Folgenden erläutert. Sie orientieren sich an den betriebswirtschaftlichen Bestandsgrößen.

Auszahlung – Einzahlung: Eine Auszahlung ist ein Abfluss von Zahlungsmitteln, der in Form von Bargeld oder einer Überweisung erfolgen kann. Eine Einzahlung ist ein Zufluss, der ebenso wie die Auszahlung in Form von Bargeld oder einer Überweisung erfolgen kann.

Beispiel: Frau Schreibschön ist als Sekretärin bei der Baumann GmbH angestellt. Ihr Gehalt beträgt EUR 1.218,81 pro Monat. Am 15. jeden Monats überweist die Baumann GmbH diesen Betrag vom Unternehmenskonto auf das Konto von Frau Schreibschön.

Wenn das Unternehmenskonto vor und nach der Überweisung im Haben steht, nimmt die Baumann GmbH am 15. jeden Monats eine Auszahlung in Höhe von EUR 1.218,81 vor. Wenn das Unternehmenskonto nicht im Haben steht, erhöhen sich durch die Überweisung an Frau Schreibschön die Verbindlichkeiten der Baumann GmbH gegenüber dem Kreditinstitut. In diesem Fall spricht man nicht von einer Auszahlung.

Ausgabe – Einnahme: Eine Ausgabe ist eine Verringerung des Geldvermögens. Neben der Auszahlung schließt die Ausgabe die Verringerung an Forderungen und den Zuwachs an Verbindlichkeiten ein. Eine Einnahme ist ein Zuwachs des Geldvermögens. Neben der Einzahlung schließt die Einnahme den Zuwachs an Forderungen und die Abnahme an Verbindlichkeiten ein.

Beispiel: Die Baumann GmbH kauft am 20.3.02 10 m^3 Kalksandsteine NF zu einem Preis von EUR 750,- beim Hersteller der Steine, der Steinmann GmbH. Der Betrag ist zahlbar bei Lieferung. Die Lieferung ist am 30.3.02.

Die Baumann GmbH tätigt am 20.3.02 eine Ausgabe in Höhe von EUR 750,-. Diese Ausgabe ist eine Verpflichtung gegenüber der Steinmann GmbH, den Betrag bei Lieferung der Steine zu bezahlen. Damit erhöhen sich die Verbindlichkeiten der Baumann GmbH um den Betrag von EUR 750,-. Die Steinmann GmbH tätigt am 20.3.02 eine Einnahme in Höhe von EUR 750,- , denn sie hat eine Forderung gegenüber der Baumann GmbH.

Am 30.3.02 werden die Steine geliefert. Die Baumann GmbH zahlt den Betrag von EUR 750,- per Überweisung an die Steinmann GmbH.

Für die Baumann GmbH ergibt sich folgender Sachverhalt: Die Baumann GmbH tätigt eine Auszahlung. Gleichzeitig verringern sich jedoch die Verbindlichkeiten gegenüber der Steinmann GmbH. Damit verändert sich das Geldvermögen der Baumann GmbH durch die Überweisung am 30.3.02 nicht.

Für die Steinmann GmbH ergibt sich am 30.3.02 folgender Sachverhalt: Dem Bankkonto der Steinmann GmbH werden EUR 750,- gutgeschrieben. Dies ist für die Steinmann GmbH eine Einzahlung. Gleichzeitig besteht jedoch keine Forderung mehr gegenüber der Baumann GmbH. Somit verändert sich das Geldvermögen der Steinmann GmbH durch die Gutschrift auf das Bankkonto am 30.3.02 nicht.

Aufwand – Ertrag: Ein Aufwand ist eine Verringerung des Reinvermögens. Ein Ertrag ist ein Zuwachs an Reinvermögen.

Beispiel: Die Baumann GmbH benutzt die von der Steinmann GmbH erworbenen Steine zum Bau des Einfamilienhauses der Familie Wohnschön. Vertraglich ist festgelegt, dass die Familie Wohnschön Kalksandsteine zu einem Festpreis von EUR 82,50 je m^3 von der Baumann GmbH bezieht. Der Einbau der Steine wird gesondert in Rechnung gestellt.

Nach Einbau von 10 m^3 Steinen hat die Baumann GmbH eine Forderung gegenüber der Familie Wohnschön in Höhe von EUR 825,–, die durch den Materialaufwand begründet ist. Da die Baumann GmbH jedoch die Steine zu einem Preis von EUR 750,– bezogen hat, beträgt ihr Ertrag EUR 75,–. Das Reinvermögen der Baumann GmbH hat sich somit durch den Weiterverkauf der Kalksandsteine um EUR 75,– erhöht.

2.4.4 Erfassung des Bestandes und seiner Veränderungen

Bestandskonto: Für die Bestandsgrößen, die entsprechend den gültigen Gesetzen zu erfassen sind, müssen Konten eingerichtet werden. Diese Konten werden als Bestandskonten bezeichnet.

Der Begriff „Bestandskonto" wird in der Betriebswirtschaftslehre nicht für die Konten verwendet, mit denen die betriebswirtschaftlichen Bestandsgrößen wie beispielsweise das Reinvermögen erfasst werden. Derartige Konten, in denen Aufwände und Erträge erfasst werden, werden als „Erfolgskonten" bezeichnet.

Kontoführung: In der Literatur sind zwei verschiedene Arten beschrieben, wie ein Konto geführt werden kann, die Staffelrechnung und die Kontorechnung. Beide Arten der Kontoführung lassen sich grundsätzlich auf alle Konten anwenden, auf Bestandskonten ebenso wie auf Erfolgskonten.

Die Staffelrechnung entspricht in ihrer Vorgehensweise einer sequentiellen Addition bzw. Subtraktion von Zahlen, wobei Zwischenergebnisse mitnotiert werden. Bei der Staffelrechnung wird der Anfangsbestand notiert. Zu- und Abgänge werden fortlaufend unter dem Anfangsbestand notiert. Wenn Zwischenergebnisse bestimmt werden sollen, erfolgt dies durch Addition bzw. Subtraktion der entsprechenden Bestandsveränderungen vom Anfangsbe-

Abbildung 2.8:
Staffelrechnung

stand. Die Zwischenergebnisse verbleiben im Konto. Unterhalb der Zwischenergebnisse wird das Konto sequentiell weitergeführt. Das Prinzip der Staffelrechnung ist in Abbildung 2.8 gezeigt.

Im Gegensatz zur Staffelrechnung kennt die Kontorechnung keine Subtraktion. Daher ist es erforderlich, Zugänge und Abgänge getrennt voneinander zu erfassen. Diese getrennten Erfassungen werden nebeneinander notiert. Auf der einen Seite werden der Anfangsbestand und sequentiell darunter die Zugänge notiert, auf der anderen Seite werden die Abgänge notiert.

Die beiden Seiten der Kontorechnung heißen entsprechend der Definition von „Sollbuchung" und „Habenbuchung" „Soll" und „Haben". Diese Bezeichnung erfolgt unabhängig davon, ob mit dem Konto Bestandsgrößen der Aktivseite oder der Passivseite oder Aufwand oder Ertrag erfasst werden. Dadurch sind die Bezeichnungen „Soll" und „Haben" im Zusammenhang mit der Kontoführung missverständlich und nicht nachvollziehbar, da weder die Gleichheit von Soll und Haben nach jeder Buchung innerhalb des Kontos gewährleistet ist noch das Soll mit der Wertverwendung und das Haben mit der Wertherkunft in allen Fällen gleichzusetzen ist. Dieser Zustand ist zwar in der Betriebswirtschaftslehre bekannt und hinreichend beschrieben, aus historischen Gründen verbleibt man jedoch bei diesen Begriffen. In Abbildung 2.9 sind die Kontoführungen für aktive und passive Bestandskonten gezeigt.

Die Kontorechnung kennt keine Zwischenergebnisse. Auch hierin unterscheidet sich die Kontorechnung von der Staffelrechnung. Der Endbestand wird wie folgt bestimmt:
1. Die Summe von Anfangsbestand und Zugänge wird bestimmt.
2. Die Summe der Abgänge wird bestimmt.
3. Der Endbestand errechnet sich aus der Differenz der unter 1. und 2. gebildeten Summen.

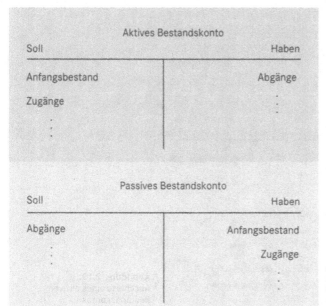

Abbildung 2.9:
Kontoführung entsprechend den Regeln der Kontorechnung

Da bei der Kontorechnung per definitionem keine negativen Zahlen auftreten, werden bei der Behandlung des Endbestandes drei Fälle unterschieden:

1. Summe 1 > Summe 2: Der Endbestand wird als letzter Abgang aufgefasst und entsprechend unter die Abgänge geschrieben.
2. Summe 1 = Summe 2: Der Endbestand ist Null. Er muss nicht notiert werden.
3. Summe 1 < Summe 2: Der Endbestand wird als letzter Zugang aufgefasst. Er wird unter den Zugängen notiert.

Die Notation des Endbestandes im Konto setzt voraus, dass der Endbestand über ein anderes Konto ausgeglichen wird. Der Endbestand kann beispielsweise als Anfangsbestand eines neuen Kontos verwendet und verbucht werden. Das Konto ist dadurch ausgeglichen. Die Summen von Soll und Haben sind gleich. In der Betriebswirtschaftslehre wird der Endbestand auch als Saldo bezeichnet. Das Konto wird entsprechend saldiert und kann als Folge des Ausgleichs geschlossen werden. Dies ist am Beispiel eines aktiven Bestandskontos in Abbildung 2.10 gezeigt.

Durch die Tatsache, dass die Kontorechnung keine negative Zahlen kennt, kann es dazu kommen, dass der Saldo eines aktiven Bestandskontos zum Anfangsbestand eines passiven Bestandskontos wird. Dies ist der Fall, wenn ein Bankkonto auf der Aktivseite im Guthaben geführt wurde und anschlie-

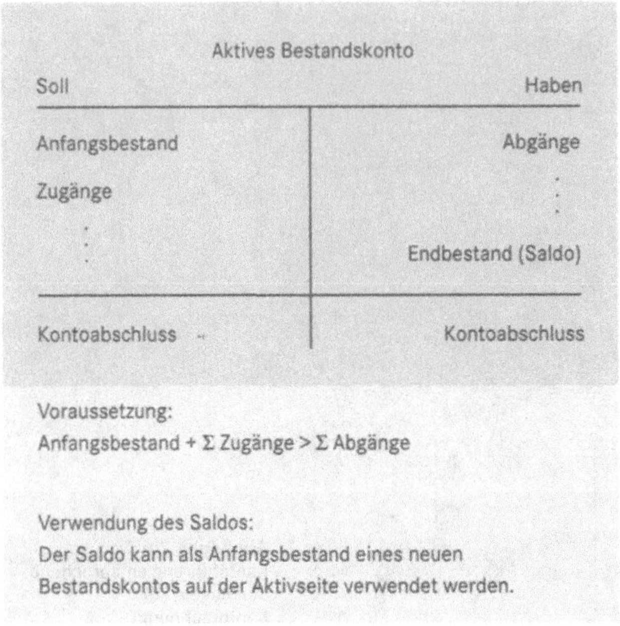

Voraussetzung:
Anfangsbestand + Σ Zugänge > Σ Abgänge

Verwendung des Saldos:
Der Saldo kann als Anfangsbestand eines neuen
Bestandskontos auf der Aktivseite verwendet werden.

Abbildung 2.10:
Abschluss eines aktiven
Bestandskontos

ßend überzogen wird. Wenn das überzogene Konto saldiert wird, muss der Saldo durch ein Konto auf der Passivseite ausgeglichen werden.

Auch andere Kombinationen sind denkbar. Ebenso können die Begriffe „Soll" und „Haben" dazu führen, dass ihre Bedeutung gegensätzlich zur Definition von Sollbuchung und Habenbuchung steht. In der Literatur werden derartige Kuriositäten an Beispielen erläutert. Überwiegend erfolgt dies am Beispiel eines aktiven Bestandskontos, das zur Verwaltung der Handkasse verwendet wird, beispielsweise in [Busiek/Ehrmann 1993, S. 35].

2.4.5 Jahresabschluss

Allgemeines: Der Gesetzgeber schreibt vor, dass jeder Kaufmann für den Schluss eines jeden Geschäftsjahrs einen Abschluss aufzustellen hat. Dieser Abschluss muss das Vermögen und die Schulden des Kaufmanns beinhalten. Die Bilanz und die GuV-Rechnung bilden den Jahresabschluss.

Darüber hinaus schreibt der Gesetzgeber vor, dass ein Kaufmann zu Beginn des Handelsgewerbes ebenso das Vermögen und die Schulden darstellen muss. Dies erfolgt in der Eröffnungsbilanz. Auf die Eröffnungsbilanz sind die für den Jahresabschluss geltenden Vorschriften entsprechend anzuwenden, soweit sie sich auf die Bilanz beziehen.

Gesetzliche Vorschriften: Das Handelsgesetzbuch regelt den Jahresabschluss. Maßgeblich sind hierfür §§ 238 ff. (Drittes Buch: Handelsbücher). In vier Abschnitten sind die Vorschriften für alle Kaufleute, die ergänzenden Vorschriften für Kapitalgesellschaften, die ergänzenden Vorschriften für eingetragene Genossenschaften und die ergänzenden Vorschriften für Unternehmen bestimmter Geschäftszweige geregelt. Ein fünfter Abschnitt behandelt private Rechnungslegungsgremien und Rechnungslegungsbeiräte.

Die folgenden Ausführungen beziehen sich auf die ersten beiden Abschnitte. Die ergänzenden Vorschriften für Genossenschaften und Unternehmen bestimmter Zweige sind für den Betrieb eines Bauunternehmens ebenso wie Rechnungslegungsgremien und Rechnungslegungsbeiräte von untergeordneter Bedeutung.

Inventur: Das Auflisten des Inventars wird als Inventur bezeichnet. Die Inventur entspricht somit einer Bestandsaufnahme. Der Gesetzgeber schreibt vor, dass das Inventar zu Beginn eines Handelsgewerbes und anschließend jährlich anzugeben ist.

Die Inventur kann einerseits durch eine körperliche Bestandsaufnahme erfolgen. In diesem Fall werden alle Vermögensgegenstände einzeln erfasst. Beispielsweise werden bei der Inventur im Materiallager die Anzahl von Maurerkelle und Hammer ebenso nachgezählt wie die noch vorhandenen Längen der Elektrokabel. Andererseits kann die Inventur auch „mit Hilfe anerkannter mathematisch-statistischer Methoden auf Grund von Stichproben" (§241 (1) Satz 1 HGB) erfolgen. Dabei ist jedoch zu beachten, dass der Aussagewert des in dieser Weise aufgestellten Inventars dem auf Grund einer körperlichen Bestandsaufnahme aufgestellten Inventars entsprechen muss.

Bewertung des Inventars: Der Wert des Inventars ist im Jahresabschluss in einer Währungseinheit anzugeben. Daher ist es erforderlich, das Inventar zu bewerten. Dabei sind verschiedene Möglichkeiten denkbar, den Wert von Vermögensgegenständen und auch von Schulden zu bestimmen. Beispielsweise kann der Wert einer Maschine durch ihren Verkauf bestimmt werden. Ebenso ist es denkbar, den Einkaufspreis als Wert der Maschine anzugeben. Durch derartige unterschiedliche Bewertungen ist es möglich, grundsätzlich verschiedene Zahlen als Wert ein und derselben Sache auszurechnen.

Der Gesetzgeber schreibt vor, wie Bewertungen grundsätzlich vorzunehmen sind. Die allgemeinen Bewertungsgrundsätze sind in §252 HGB geregelt. §252 HGB ist in Abbildung 2.11 gezeigt.

(1) Bei der Bewertung der im Jahresabschluss ausgewiesenen Vermögensgegenstände und Schulden gilt insbesondere folgendes:

1. Die Wertansätze in der Eröffnungsbilanz des Geschäftsjahrs müssen mit denen der Schlussbilanz des vorhergehenden Geschäftsjahres übereinstimmen.

2. Bei der Bewertung ist von der Fortführung der Unternehmenstätigkeit auszugehen, sofern dem nicht tatsächliche oder rechtliche Gegebenheiten entgegenstehen.

3. Die Vermögensgegenstände und Schulden sind zum Abschlussstichtag einzeln zu bewerten.

4. Es ist vorsichtig zu bewerten, namentlich sind alle vorhersehbaren Risiken und Verluste, die bis zum Abschlussstichtag entstanden sind, zu berücksichtigen, selbst wenn diese erst zwischen dem Abschlussstichtag und dem Tag der Aufstellung des Jahresabschlusses bekanntgeworden sind; Gewinne sind nur zu berücksichtigen, wenn sie am Abschlussstichtag realisiert sind.

5. Aufwendungen und Erträge des Geschäftsjahres sind unabhängig von den Zeitpunkten der entsprechenden Zahlungen im Jahresabschluss zu berücksichtigen.

6. Die auf den vorhergehenden Jahresabschluss angewandten Bewertungsmethoden sollen beibehalten werden.

(2) Von den Grundsätzen des Absatzes 1 darf nur in begründeten Ausnahmefällen abgewichen werden.

Abbildung 2.11: Allgemeine Bewertungsgrundsätze §252 HGB

Über die allgemeinen Bewertungsgrundsätze hinaus regelt das HGB, dass Vermögensgegenstände höchstens mit ihren Anschaffungs- oder Herstellkosten anzusetzen sind. Diese Kosten sind zu reduzieren. Wenn beispielsweise ein Vermögensgegenstand des Anlagevermögens in der Nutzung zeitlich begrenzt ist, müssen die Anschaffungs- oder Herstellkosten auf die Nutzungszeit verteilt werden.

Das Vorgehen, einen niedrigeren Wert als die Anschaffungs- oder Herstellkosten anzusetzen, wird als Abschreibung bezeichnet. Abschreibungen sind „im Rahmen vernünftiger kaufmännischer Beurteilung zulässig" (§253 (4) HGB). Es gibt verschiedene Möglichkeiten der Abschreibung.

Ein Vermögensgegenstand des Anlagevermögens kann beispielsweise über den Zeitraum seiner zu erwartenden Nutzung abgeschrieben werden. Sein Wert ist am Ende des Nutzungszeitraums dadurch Null. Der angenommene Nutzungszeitraum muss nicht mit dem realen Nutzungszeitraum übereinstimmen. Beispielsweise wird derzeit für Computer ein Nutzungszeitraum von drei Jahren angenommen. Ein Computer ist jedoch nach drei Jahren noch funktionsfähig, obwohl hiermit nicht ausgesagt wird, ob er nach diesem Zeitraum noch für den vorgesehenen Nutzungszweck einsetzbar ist.

Für Vermögensgegenstände des Umlaufvermögens sind beispielsweise Abschreibungen so vorzunehmen, dass die tatsächlichen Börsen- oder Marktwerte angesetzt werden, sofern diese geringer als die Anschaffungs- oder Herstellkosten sind. Börsen- und Marktwerte sind jedoch nicht immer zuverlässig zu bestimmen, da der angesetzte Börsen- oder Marktwert nicht immer durch einen Verkauf erzielt werden kann.

Neben den Möglichkeiten der Abschreibung, die im HGB genannt sind, können alle Abschreibungen verwendet werden, die steuerlich zulässig sind. Die Berechnungen der Abschreibungen werden in der Regel verwendet, um gleichzeitig die Differenz zwischen den Anschaffungs- oder Herstellkosten und der Abschreibung als Rücklage zu bilden. Diese Rücklagen sind erforderlich, um beispielsweise am Ende eines Nutzungszeitraums das Kapital für die Herstellung oder die Beschaffung eines Ersatzes zur Verfügung zu haben.

Über die Wertansätze für Vermögensgegenstände hinaus regelt das HGB die Wertansätze für andere Bestandsgrößen wie Verbindlichkeiten, Rentenverpflichtungen und Rückstellungen. Verbindlichkeiten sind beispielsweise mit ihrem Rückzahlungsbetrag anzusetzen.Im Bauwesen kommt der Bewertung unfertiger Bauleistungen eine besondere Bedeutung zu. Bauvorhaben werden in der Regel nicht in dem Geschäftsjahr abgeschlossen, in denen sie begonnen wurden. Es ist daher erforderlich, unfertige Bauleistungen zu bewerten. Gemäß dem Prinzip der Vorsicht wird ein zu erwartender Gewinn nicht berücksichtigt. Ein Gewinn wird überwiegend erst dann in der Bewertung berücksichtigt, wenn er eingetreten ist. Dies setzt die Abnahme durch den Auftraggeber und die Abrechnung mit dem Auftraggeber voraus. Umgekehrt werden drohende Verluste in der Regel sofort nach dem Erkennen berücksichtigt und gehen somit sofort in die Bewertung mit ein.

Rechnungsabgrenzungsposten: Ein Betrieb kann Ausgaben tätigen, die einen Aufwand darstellen, der sich erst nach dem Zeitpunkt der Ausgabe ergibt. Ebenso kann ein Betrieb umgekehrt Einnahmen tätigen, die einen Ertrag ergeben, der sich zu einem späteren Tag einstellt. Derartige Ausgaben bzw. Einnahmen werden als Rechnungsabgrenzungsposten bezeichnet, wenn zwischen Ausgabe und zugehörigem Aufwand bzw. Einnahme und zugehörigem Ertrag der Jahresabschluss liegt. Die Erfassung der Rechnungsabgrenzungsposten erfolgt entsprechend der Erfassung der Bestandsgrößen. Im Jahresabschluss spielen die Rechnungsabgrenzungsposten jedoch eine besondere Rolle, da sie gesondert ausgewiesen werden müssen.

Aktiva	Passiva
A. Anlagevermögen	A. Eigenkapital
I. Immaterielle Vermögensgegenstände	I. Gezeichnetes Kapital
II. Sachanlagen	II. Kapitalrücklage
III. Finanzanlage	III. Gewinnrücklagen
	IV. Gewinnvortrag/Verlustvortrag
B. Umlaufvermögen	V. Jahresüberschuss/Jahresfehlbetrag
I. Vorräte	
II. Forderungen und sonstige	B. Rückstellungen
Vermögensgegenstände	
III. Wertpapiere	C. Verbindlichkeiten
IV. Schecks, Kassenbestand,	
Bundesbank- und Postgiroguthaben,	D. Rechnungsabgrenzungsposten
Guthaben bei Kreditinstituten	
C. Rechnungsabgrenzungsposten	

Abbildung 2.12: Gliederung der verkürzten Bilanz (Auszug aus §266 HGB)

Gliederung der Bilanz: „Die Bilanz ist in Kontoform aufzustellen" (§266 (1) Satz 1 HGB). Das HGB schreibt die Gliederung der Bilanz vor. Im HGB wird zwischen der verkürzten Bilanz und der Bilanz unterschieden. Kleinere Betriebe sind nur zum Aufstellen einer verkürzten Bilanz verpflichtet. Die Gliederung der verkürzten Bilanz ist in Abbildung 2.12 gezeigt.

Für die Bilanz ist die gleiche Gliederung vorgeschrieben wie für die verkürzte Bilanz, die meisten Punkte sind jedoch im Gegensatz zur verkürzten Bilanz bei der Bilanz weiter untergliedert. Auf der Aktivseite sind die Punkte B.IV. und C. nicht weiter untergliedert, auf der Passivseite sind die Punkte A.I., II., IV. und V. sowie der Punkt D. nicht weiter untergliedert.

Erstellen der Bilanz: Die Erstellung der Bilanz ist Aufgabe der Finanzbuchhaltung eines Unternehmens. Der Vorgang selbst kann durch die Verwendung von Kontenrahmen vereinfacht werden. Der Begriff „Kontenrahmen" wurde in Abschnitt 2.3 erläutert. Auf der Grundlage eines Kontenrahmens werden die Vorgänge klassifiziert. Die Buchungen werden in den entsprechenden Konten vorgenommen und sind damit den Vorgängen zugeordnet. Diese Ordnung kann verwendet werden, um die Bilanz als eine Form der Auswertung generieren zu lassen.

Die starke und durchgehende Systematisierung der beschriebenen Vorgänge bildet eine Grundlage für die Unterstützung dieser Aufgaben durch entsprechende Systeme der Informationsverarbeitung (IV). Diese haben heute auch im Bauwesen eine hohe Bedeutung erlangt und sind unverzichtbarer Bestandteil eines jeden Bauunternehmens.

Das Generieren von Bilanzen ist heute Stand der Technik. IV-Systeme, die betriebswirtschaftliche Aufgaben unterstützen, ermöglichen die automatische Erstellung von Bilanzen. Sie verwenden dafür teilweise eigene Kontenrahmen, die jedoch nicht wesentlich von den in Abschnitt 2.3 genannten Kontenrahmen abweichen.

Gliederungsmöglichkeiten der GuV-Rechnung: „Die Gewinn- und Verlustrechnung ist in Staffelform ... aufzustellen" (§275 (1) Satz 1 HGB). Der Gesetzgeber erlaubt zwei verschiedene Verfahren, deren Gliederung er vorschreibt: das Gesamtkostenverfahren und das Umsatzkostenverfahren. Die Gliederungen sind in Abbildung 2.13 gezeigt. Die Gliederungen unterscheiden sich nur in den ersten Punkten.

Aufstellen der GuV-Rechnung: Das Aufstellen der GuV-Rechnung ist unterschiedlich, je nachdem, welches Verfahren der GuV-Rechnung zu Grund gelegt wird. Im Ergebnis stimmen beide Verfahren überein.

In Abbildung 2.14 ist die Vorgehensweise bei der Berechnung der einzelnen Posten entsprechend dem Gesamtkostenverfahren gezeigt. Beim Umsatzkostenverfahren werden im Gegensatz zum Gesamtkostenverfahren die Bestände an fertigen oder unfertigen Erzeugnissen nicht explizit ausgewiesen, sowohl der dafür erforderliche Aufwand als auch der sich um diesen Betrag erhöhende Lagerbestand erscheinen nicht in eigenen Positionen in der Rechnung.

Ebenso wie die Bilanz wird die GuV-Rechnung heute vielfach als Auswertung der erfolgten Buchungen automatisch von IV-Systemen generiert. Hierbei bilden ebenso wie bei der Generierung der Bilanz die zugrunde gelegten Kontenrahmen die Basis. Entsprechend der im jeweiligen Kontenrahmen vorgenommenen inhaltlichen Zuordnung der Geschäftsvorfälle erfolgt das Aufstellen der GuV-Rechnung als Auswertung der vorhandenen Informationsbasis. Die IV-Systeme erfüllen hierbei in der Regel die gesetzlichen Anforderungen.

Bilanzgewinn: Neben dem Jahresüberschuss bzw. dem Jahresfehlbetrag wird häufig in der GuV-Rechnung der Bilanzgewinn berechnet. Der Bilanzgewinn

Gesamtkostenverfahren			Umsatzkostenverfahren
1.	Umsatzerlöse		1. Umsatzerlöse
2.	Erhöhung oder Verminderung des Bestandes zu fertigen und unfertigen Erzeugnissen		2. Herstellungskosten der zur Erzielung der Umsatzerlöse erbrachten Leistungen
3.	andere aktivierte Eigenleistungen		3. Bruttoergebnis vom Umsatz
4.	sonstige betriebliche Erträge		4. Vertriebskosten
5.	Materialaufwand		5. allgemeine Verwaltungskosten
6.	Personalaufwand		6. sonstige betriebliche Erträge
7.	Abschreibungen		
8.	(7.)	sonstige betriebliche Aufwendungen	
9.	(8.)	Erträge aus Beteiligungen	
10.	(9.)	Erträge aus Wertpapieren und Ausleihungen des Finanzanlagevermögens	
11.	(10.)	sonstige Zinsen und ähnliche Erträge	
12.	(11.)	Abschreibungen auf Finanzanlagen und auf Wertpapiere des Umlaufvermögens	
13.	(12.)	Zinsen und ähnliche Aufwendungen	
14.	(13.)	Ergebnis der gewöhnlichen Geschäftstätigkeit	
15.	(14.)	außerordentliche Erträge	
16.	(15.)	außerordentliche Aufwendungen	
17.	(16.)	außerordentliches Ergebnis	
18.	(17.)	Steuern vom Einkommen und vom Ertrag	
19.	(18.)	sonstige Steuern	
20.	(19.)	Jahresüberschuss / Jahresfehlbetrag	

Abbildung 2.13: Gliederungsmöglichkeiten der GuV-Rechnung nach §275 HGB

wird aus dem Jahresüberschuss unter Berücksichtigung des Gewinnvortrages bzw. dem Verlustvortrag aus dem Vorjahr und den Entnahmen aus den Gewinnrücklagen bestimmt. Darüber hinaus ist es möglich, aus dem Jahresüberschuss Beträge den Gewinnrücklagen zuzuführen, so dass nicht der gesamte Jahresüberschuss in die Berechnung des Bilanzgewinns mit einfließt.

Der Bilanzgewinn wird neben seiner Berechnung in der GuV-Rechnung häufig in der Bilanz selbst unter dem Punkt A. Eigenkapital auf der Passivseite aufgeführt, da er aus den Punkten A. III., IV. und V. der Passivseite der Bilanz bestimmt wird.

Ergänzende Vorschriften für Kapitalgesellschaften: Der Jahresabschluss ist bei Kapitalgesellschaften vom Gesetzgeber um zwei weitere Berichte

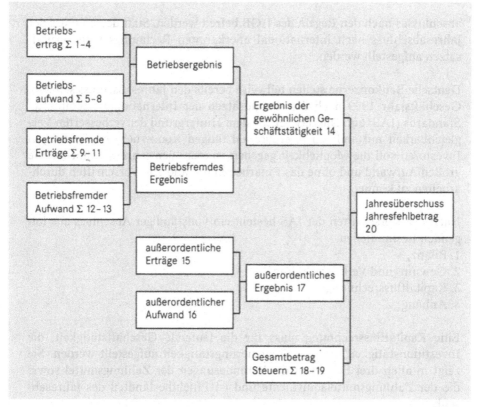

Abbildung 2.14: Aufstellen der GuV-Rechnung nach dem Gesamtkostenverfahren

erweitert worden. Neben der Bilanz und der GuV-Rechnung gehört zum Jahresabschluss einer Kapitalgesellschaft ein Anhang, der zusammen mit der Bilanz und der GuV-Rechnung eine Einheit bildet. Darüber hinaus ist ein Lagebericht zu erstellen.

Ein wesentlicher Bestandteil des Anhangs sind die Bilanzierungs- und die Bewertungsmethoden, die dort anzugeben sind. Darüber hinaus müssen weitere Angaben gemacht werden wie beispielsweise die Umrechnung von Fremdwährungen in Euro. Der Lagebericht soll den Geschäftsverlauf und die Lage der Kapitalgesellschaft enthalten. Darüber hinaus soll er weitere Angaben enthalten, beispielsweise die voraussichtliche Entwicklung der Kapitalgesellschaft. Näheres regeln §§ 284 ff. HGB.

Jahresabschluss nach international anerkannten Regeln: Bei Vorliegen bestimmter Voraussetzungen kann ein Konzern vom Aufstellen des Jahresabschlusses nach den Regeln des HGB befreit werden. Statt dessen muss der Jahresabschluss nach international anerkannten Rechnungslegungsgrundsätzen aufgestellt werden.

Deutsche Baukonzerne stellen teilweise bereits den Jahresabschluss seit dem Geschäftsjahr 1999 nach den Grundsätzen der International Accounting-Standards (IAS) auf. Dies erfolgt vor dem Hintergrund der verbesserten Vergleichbarkeit mit anderen international tätigen Konzernen. Ausländischen Investoren soll die Möglichkeit gegeben werden, den Jahresabschluss ohne großen Aufwand und ohne das Einarbeiten in nationale Vorschriften durcharbeiten zu können.

Nach den Vorschriften der IAS besteht ein vollständiger Abschluss aus folgenden Bestandteilen:
1. Bilanz,
2. Gewinn- und Verlustrechnung,
3. Kapitalflussrechnung,
4. Anhang.

Eine Kapitalflussrechnung muss für die laufende Geschäftätigkeit, die Investitionstätigkeit und die Finanzierungstätigkeit aufgestellt werden. Sie zeigt in allen drei Bereichen die Veränderungen der Zahlungsmittel sowie die der Zahlungsmitteläquivalente und ist Pflichtbestandteil des Jahresabschlusses.

In den Anhang sind zusätzliche Informationen und Erläuterungen zu den einzelnen Posten der Bilanz sowie der GuV-Rechnung aufzunehmen. Hinweise auf generelle Risiken sind ebenso aufzuführen. Darüber hinaus ist hinzuweisen auf nicht bilanzierte Posten wie Rohstoffreserven oder Unwägbarkeiten, für die keine Rückstellungen gebildet werden dürfen.

In den IAS ist geregelt, was beim erstmaligen Aufstellen eines Jahresabschlusses auf der Grundlage dieser Standards zu berücksichtigen ist. Bedingt durch die Internationalisierung der Kapitalmärkte ist davon auszugehen, dass in Zukunft international tätige deutsche Baukonzerne ihren Jahresabschluss nach den Regeln der IAS aufstellen werden.

2.4.6 Analyse des Jahresabschlusses
Arten der Analyse: Bei der Analyse des Jahresabschlusses wird zum einen unterschieden zwischen der externen und der internen Analyse, zum anderen zwischen der formellen und der materiellen Analyse.

Die externe Analyse wird durchgeführt von Personen, die nicht im Unternehmen beschäftigt sind und die somit nur Zugriff auf veröffentlichte Informationen haben. Dies ist in erster Linie der Jahresabschluss, ergänzt eventuell um Pressemittteilungen. Die Schwierigkeiten der externen Analyse liegen darin, dass die Informationen oft nur unvollständig und oft veraltet vorliegen. Beispielsweise ist es extern häufig nicht bekannt, ob Reparaturen an Maschinen, Geräten und Bauwerken unterlassen wurden oder in absehbarer Zeit durchgeführt werden. Ebenso ist häufig nicht bekannt, welche Vermögensgegenstände zur Fortführung des Unternehmens nicht unbedingt notwendig sind. Darüber hinaus kann beispielsweise der Geschäftsbericht einer Aktiengesellschaft erst im Anschluss an die Hauptversammlung veröffentlicht werden. Die Hauptversammlung selbst muss nach den Vorschriften des HGB innerhalb von 8 Monaten nach Ende des Geschäftsjahres stattfinden, so dass der Geschäftsbericht bis zu 9 Monate nach Abschluss eines Geschäftsjahres Externen vorliegen kann.

Bei der internen Analyse sind in der Regel wesentlich mehr Informationen verfügbar. Die interne Analyse wird auch als Betriebsanalyse bezeichnet und ist Gegenstand des internen Rechnungswesens.

Gegenstand der formellen Analyse ist die Frage, ob der Jahresabschluss den Gesetzen entspricht. Große Kapitalgesellschaften sind nach §316 HGB verpflichtet, den Jahresabschluss prüfen zu lassen. Die Prüfung umfasst dabei nicht nur die Frage, ob die gesetzlichen Vorschriften sowohl bei der Buchführung als auch beim Aufstellen der Jahresabschlusses eingehalten wurden. Es ist darüber hinaus festzustellen, ob die ergänzenden Bestimmungen des Gesellschaftsvertrages oder der Satzungen beachtet wurden.

Gegenstand der materiellen Analyse sind inhaltliche Fragen, die Aufschluss über die wirtschaftliche Situation des betrachteten Unternehmens geben sollen. Die materielle Analyse wird beispielsweise durchgeführt von Kreditinstituten, Investoren oder Fremdunternehmen, wenn das betrachtete Unternehmen Kapital benötigt.

Die externe materielle Analyse kann darüber hinaus von jedem durchgeführt werden, da der Jahresabschluss veröffentlicht wird und somit Informationen verfügbar sind. Bei der materiellen Analyse wird unterschieden zwischen der Substanzanalyse und der Kennzahlenanalyse. Die Substanzanalyse und die Kennzahlenanalyse werden im Folgenden näher betrachtet.

Substanzanalyse: Die Substanzanalyse dient zur Überprüfung der Posten des Jahresabschlusses auf ihr Zustandekommen, ihre Zusammensetzung und ihre Entwicklung. Eine wesentliche Informationsquelle ist der Anlagespiegel, der die Entwicklung des Anlagevermögens während eines Geschäftsjahres zeigt.

Im Rahmen eines Zeitvergleichs könne Veränderungen der einzelnen Positionen des Abschlusses zu Rückschlüssen führen. In der Literatur sind vielfach Hinweise angegeben, welche Veränderungen welche Rückschlüsse zulassen.

Kennzahlenanalyse: Kennzahlen können definiert werden als Zahlen, die über betriebswirtschaftliche Tatbestände und Entwicklungen in konzentrierter Form informieren. Sie können sowohl absolute als auch relative Zahlen (Verhältniszahlen) sein. In der Regel setzt die Berechnung von Kennzahlen eine Aufbereitung der vorhandenen Informationen voraus.

In der Literatur sind eine Vielzahl von Kennzahlen beschrieben, die zur Beurteilung unterschiedlicher Aspekte wie Liquidität, Produktivität, Finanzlage oder Kapitalstruktur verwendet werden. Beispiele für Kennzahlen zur Beurteilung der Kapitalstruktur sind die Eigenkapitalquote, die sich aus dem Verhältnis von Eigenkapital zu Gesamtkapital errechnet, oder der Verschuldungsgrad, der sich aus dem Verhältnis von Fremdkapital zu Eigenkapital errechnet.

Losgelöst betrachtet ist die Berechnung einer Kennzahl wenig aussagekräftig. Es ist vielmehr zweckmäßig, Kennzahlen als Funktion der Zeit oder im Vergleich mit anderer Unternehmen derselben Branche zu betrachten. Für branchenspezifische Vergleiche werden teilweise Kennzahlen von Bundesämtern oder der Deutschen Bundesbank zur Verfügung gestellt.

2.5 Internes Rechnungswesen

2.5.1 Grundlagen

Aufgabe: Aufgabe des internen Rechnungswesens ist es, alle innerbetrieblichen Vorgänge zu erfassen und zu dokumentieren. Auf der Grundlage dieser Dokumentation muss das interne Rechnungswesen im Wesentlichen die folgenden beiden Fragen beantworten:
- Welche Preise müssen für Dienstleistungen und Güter erzielt werden, damit das Unternehmen am Markt bestehen kann und Gewinne erwirtschaftet?
- Wie können die innerbetrieblichen Abläufe optimiert werden, damit innerhalb des Unternehmens mit möglichst hoher Effizienz gearbeitet wird?

In der Betriebswirtschaftslehre wurde zur Beantwortung der ersten Frage die „entscheidungsorientierte Zukunftsrechnung" erfunden. Im Bauwesen wird die entscheidungsorientierte Zukunftsrechnung Bauauftragsrechnung oder Kalkulation genannt. Die Durchführung der entscheidungsorientierten Zukunftsrechnung setzt jedoch voraus, dass eine gesicherte Informationsbasis für diese Zukunftsrechnung vorhanden ist.

Die Informationsbasis wird durch die „kontrollierte Vergangenheitsrechnung" aufgebaut. Im Bauwesen wird die kontrollierte Vergangenheitsrechnung Nachkalkulation genannt. Die kontrollierte Vergangenheitsrechnung kann als eine Auswertung der Dokumentation der innerbetrieblichen Vorgänge angesehen werden. Ihre Aufgabe besteht jedoch nicht nur darin, Informationen für die Zukunftsrechnung zur Verfügung zu stellen. Die kontrollierte Vergangenheitsrechnung muss ebenso Informationen zur Beantwortung der zweiten Frage zur Verfügung zu stellen.

Im Bauwesen ist das interne Rechnungswesen in der Regel Informationslieferant. Informationsempfänger sind einerseits die Kalkulationsabteilungen, andererseits sind dies die Abteilungen für die Unternehmenssteuerung.

Gesetzliche Vorschriften: Das interne Rechnungswesen unterliegt keinen gesetzlichen Vorschriften. Damit kann das interne Rechnungswesen nach den konkreten Belangen des jeweiligen Unternehmens ausgerichtet werden. Unternehmen unterscheiden sich teilweise gravierend im internen Rechnungswesen.

2.5.2 Kosten
Definitionen des Kostenbegriffs: Das interne Rechnungswesen wird in der Betriebswirtschaftslehre auch als Kostenrechnung bezeichnet. Der Begriff „Kosten" wird jedoch in der Betriebswirtschaftslehre unterschiedlich definiert. Im Wesentlichen findet man in der Literatur zwei verschiedenen Definitionen des Kostenbegriffs, den pagatorischen Kostenbegriff und den wertmäßigen Kostenbegriff.

Nach dem pagatorischen Kostenbegriff sind Kosten gleichzusetzen mit den im externen Rechnungswesen definierten Ausgaben. Nach dem wertmäßigen Kostenbegriff sind Kosten „der bewertete Verbrauch von Gütern und Dienstleistungen für die Herstellung und den Absatz betrieblicher Güter und Dienstleistungen sowie die Aufrechterhaltung der dafür erforderlichen Kapazitäten" [Wöhe 1996, S. 1250].

Tabelle 2.1: Kriterien zur Klassifikation der Kosten

Kriterium	Bezeichnung der Klassifikationen
Verrechnung	Einzelkosten – Gemeinkosten der Baustelle – Gemeinkosten des Unternehmens
Beschäftigungsgrad	Fixe Kosten – Variable Kosten – Mischkosten
Herkunft	Primäre Kosten – Sekundäre Kosten
Erfassung	Grundkosten – Zusatzkosten
Zeit	Plankosten – Istkosten – Normalkosten – Sollkosten
Produktionsfaktor	Kostenart
Organisatorische Einheit	Kostenstelle
Produkt	Kostenträger

Der pagatorische Kostenbegriff hat sich in der Betriebswirtschaftslehre nicht durchgesetzt, da Ausgaben in der Regel nicht dem Verbrauch von Gütern und Dienstleistungen gleichzusetzen sind und in der Regel auch nicht mit dem Verbrauch zusammenfallen. Im Gegensatz dazu hat sich DIN 276 „Kosten im Hochbau" am pagatorischen Kostenbegriff orientiert. DIN 276 definiert Kosten im Hochbau „als Aufwendungen für Güter und Leistungen und Abgaben, die für die Planung und Ausführung von Baumaßnahmen erforderlich sind". Die Anlehnung der DIN 276 an den pagatorischen Kostenbegriff ist verständlich, da diese DIN dem Bauherrn zur Aufschlüsselung des Geldbetrages dienen soll, den er für ein zu erstellendes Gebäude aufwenden muss. Dabei spielen die Kosten, die innerhalb des Bauunternehmens entstehen, eine untergeordnete Rolle.

Da die folgenden Betrachtungen aus dem Blickwinkel des Unternehmens erfolgen, wird den weiteren Überlegungen der wertmäßige Kostenbegriff zugrunde gelegt.

Beispiel: Im Rahmen einer Baumaßnahme soll eine Wand gemauert werden. Neben anderen Voraussetzungen, die zur Herstellung der Wand erfüllt sein müssen und im Folgenden nicht weiter betrachtet werden, müssen Steine vorhanden sein. Die Ausgaben für die Steine erfolgen in der Regel, bevor der erste Stein vermauert wird.

Wenn der pagatorische Kostenbegriff zugrunde gelegt wird, entsprechen die Materialkosten den Einkaufspreisen der Steine.

Wenn der wertmäßige Kostenbegriff zugrunde gelegt wird, werden die Materialkosten bewertet. Wenn der Preis für Steine steigt, können die Steine beispielsweise mit dem derzeitig gültigen Einkaufspreis bewertet werden. Dies kann aus unternehmerischer Sicht zweckmäßig sein, wenn beispielsweise der Materialbestand wieder aufgefüllt werden soll.

Kriterien zur Klassifikation von Kosten: Kosten lassen sich verschiedenartig klassifizieren. In der Betriebswirtschaftslehre hat man Kriterien zur Klassifikation aufgestellt. Maßgebliche Kriterien sind im Folgenden behandelt. Die Kriterien sowie die im folgenden erläuterten Begriffe zur Klassifikation der Kosten sind in Tabelle 2.1 zusammengestellt.

Verrechnung: Kosten können entweder direkt einem Gut, das ein Unternehmen produziert, oder einer Dienstleistung, die von einem Unternehmen angeboten wird, zugeordnet werden oder nicht. Kosten, die direkt zugeordnet oder mit dem Gut bzw. der Dienstleistung verrechnet werden können, werden als Einzelkosten bezeichnet. Alle anderen Kosten werden als Gemeinkosten bezeichnet.

Im Bauwesen wird bei den Gemeinkosten nochmals eine Unterscheidung eingeführt zwischen den Gemeinkosten einer Baustelle und den Gemeinkosten des Bauunternehmens. Dies ist erforderlich, da ein Unternehmen in der Regel auf mehreren Baustellen tätig ist und sich die Gemeinkosten der Baustellen stark unterscheiden können.

Beispiel: Die Maurer GmbH bietet die Herstellung von Wänden aus Mauerwerk an. Diese Wände sind die Produkte der Maurer GmbH.

In der Maurer GmbH fallen Ausgaben an, die direkt einer einzelnen Wand zugeordnet werden können. Ein Beispiel hierfür ist der Preis der Steine. Die Ausgaben für die Steine sind Einzelkosten.

Andererseits fährt der Geschäftsführer der Maurer GmbH ein Auto als Dienstfahrzeug. Dieses Fahrzeug muss versichert werden. Die Versicherungsprämie kann weder einer oder mehreren Wänden zugeordnet werden, die von der Maurer GmbH hergestellt werden, noch kann sie einer oder mehreren Baustellen zugeordnet werden. Die Ausgaben für die Versicherung des Dienstwagens fallen unter die Gemeinkosten des Unternehmens.

Beschäftigungsgrad: In der Betriebswirtschaftslehre ist der Begriff „Beschäftigungsgrad" als Verhältnis der eingesetzten Kapazitäten zu den vorhandenen Kapazitäten definiert. Kosten lassen sich klassifizieren, je nachdem, ob sie vom Beschäftigungsgrad abhängen oder nicht. Kosten, die nicht vom Beschäftigungsgrad abhängen, heißen fixe Kosten, Kosten, die vom Beschäftigungsgrad abhängen, heißen variable Kosten. Kosten, die nicht eindeutig zugeordnet werden können, heißen Mischkosten.

Beispiel: Betrachtet wird ein Bagger. Unabhängig davon, ob der Bagger benutzt wird oder nicht, muss er versichert werden. Die Versicherungsprämien sind somit fixe Kosten.

Beim Betrieb des Baggers verbraucht er Brennstoff. Die Kosten für den Brennstoff sind davon abhängig, ob der Bagger eingesetzt und beschäftigt wird. Brennstoffkosten sind somit variable Kosten.

Herkunft: Kosten können entsprechend ihrer Herkunft klassifiziert werden. Kosten, die sich aus dem Außenverhältnis ergeben, werden als „primäre Kosten" bezeichnet. Kosten, die innerbetrieblich entstehen und verrechnet werden, werden als „sekundäre Kosten" bezeichnet.

Beispiel: In der Baumann GmbH sind die einzelnen Abteilungen Profitcenter. Jedes einzelne Profitcenter bietet seine Güter und Dienstleistungen sowohl innerbetrieblich als auch extern am Markt an. Das Profitcenter „Gerätepark" stellt somit jedem, der sich ein Gerät ausleiht, eine Rechnung, unabhängig davon, ob das Gerät von einer Abteilung der Baumann GmbH oder einem anderen Bauunternehmen ausgeliehen wird.

Die Abteilung „Tiefbau" der Baumann GmbH leiht sich einen Bagger von der Abteilung „Gerätepark". In der Abteilung „Tiefbau" entstehen somit Kosten. Diese Kosten sind sekundär, da sie innerhalb der Baumann GmbH entstehen.

Erfassung: Es gibt Kosten, denen keine Aufwendungen gegenüberstehen. Derartigen Kosten steht somit nichts gegenüber, was im externen Rechnungswesen erfasst wird. Sie werden mit dem Begriff „Zusatzkosten" bezeichnet. Allen übrigen Kosten stehen Aufwendungen gegenüber, die im externen Rechnungswesen erfasst werden. Kosten, denen Aufwendungen gegenüberstehen, heißen „Grundkosten".

Beispiel: Die Baumann GmbH erwirbt einen Bagger. In der Baugeräteliste (BGL) ist vermerkt, wie der Bagger in der Bilanz abzuschreiben ist. Es steht jedoch dem Unternehmen frei, im internen Rechnungswesen von einer anderen Abschreibung auszugehen. Ein derartiges Vorgehen kann erforderlich sein, wenn das Unternehmen der Auffassung ist, dass der Bagger beispielsweise sehr stark beansprucht wird und somit schon nach kurzer Zeit durch einen neuen Bagger ersetzt werden muss.

Beispielsweise wird der Bagger in der Bilanz jährlich mit EUR 15.000,- abgeschrieben, intern jedoch mit einem Betrag von EUR 22.500,-. Der intern festgesetzte Betrag wird auch „kalkulatorische Abschreibung" genannt. Dem Differenzbetrag von EUR 7.500,- stehen keine Aufwendungen gegenüber. In diesem Fall sind somit Zusatzkosten in Höhe von EUR 7.500,- entstanden.

Zeit: Kosten können zu unterschiedlichen Zeitpunkten erfasst oder aufgestellt werden. Wenn Kosten durch die Bewertung des tatsächlichen Verbrauchs von Gütern und Dienstleistungen bestimmt werden, spricht man von „Istkosten". Istkosten können in der Regel erst dann aufgestellt werden, wenn der Verbrauch bekannt ist. Istkosten sind somit das Ergebnis der kontrollierten Vergangenheitsrechnung. Im Bauwesen werden die Istkosten durch die Nachkalkulation bestimmt. Vereinfacht kann man sagen, dass sich die Istkosten aus dem Produkt Ist-Menge mal Ist-Preis errechnen.

Der Begriff „Plankosten" beschreibt zukunftsbezogene Kosten. Im Bauwesen werden die Plankosten durch die Kalkulation bestimmt. Im Sinne der Betriebswirtschaftslehre handelt es sich beim Aufstellen der Plankosten um die entscheidungsorientierte Zukunftsrechnung. Vereinfacht kann man sagen, dass sich die Plankosten aus dem Produkt Planmenge mal Planpreis errechnen.

Unter dem Begriff „Sollkosten" wird das Produkt aus Ist-Menge mal Planpreis verstanden. Die Sollkosten werden im Bauwesen berechnet und genutzt, um den Verlauf der Bauprojekte zu beurteilen. Zu einem Stichtag werden die Ist-Mengen und die Istkosten ermittelt. Die Ist-Mengen werden durch Aufmaß bestimmt, vereinfachend werden die Istkosten gleichgesetzt mit den bis zum Stichtag erfolgten Aufwendungen. Die Sollkosten werden aus den Ist-Mengen und den Planpreisen berechnet. Die Sollkosten beschreiben die Kosten, die zur Herstellung, zum Einbau oder zum Rückbau entsprechend der Kalkulation und der Annahme eines linearen Verbrauchs entstanden seien sollten. Die Gegenüberstellung von Sollkosten und Istkosten zum betrachteten Zeitpunkt (Soll-Ist-Vergleich) dient der Beurteilung des Bauprojektes.

In der Betriebswirtschaftslehre hat man neben den Begriffen „Istkosten", „Plankosten" und „Sollkosten" noch den Begriff „Normalkosten" eingeführt. Unter „Normalkosten" werden Durchschnittswerte verstanden, die sich aus den in vergangenen Perioden angefallenen Istkosten ergeben.

Beispiel: Die Baumann GmbH kalkuliert Kosten für Fertigparkett zu EUR 30,- je m^2 inkl. Verlegung (Planpreis). Vorgesehen ist das Verlegen von 300 m^2 (Planmenge). Für die Baumann GmbH ergeben sich Plankosten für das Parkett in Höhe von EUR 9.000,-.

Im Verlauf des Projektes wird zu einem Stichtag ermittelt, dass 200 m^2 Fertigparkett verlegt wurden (Ist-Menge). Für das Fertigparkett wurden bis zu diesem Zeitpunkt inkl. Verlegen EUR 7.500,– aufgewendet (Istkosten).

Die Sollkosten errechnen sich aus dem Produkt von Ist-Menge mal Planpreis zu EUR 6.000,–. Der Vergleich von Sollkosten und Ist-Kosten ergibt eine Differenz in Höhe von EUR 1.500,–. Der Verbrauch der Kosten ist somit nicht linear. Dies kann im vorliegenden Beispiel daran liegen, dass das gesamte Material bereits bezahlt wurde.

Nach Abschluss der Arbeiten wird durch Aufmaß festgestellt, dass tatsächlich 295,5 m^2 Parkett verlegt wurden (Ist-Menge). Die Baumann GmbH ermittelt in der Nachkalkulation, dass für das Parkett tatsächlich Kosten in Höhe von EUR 9.002,41 angefallen sind. Dies sind die Istkosten. Es ergibt sich ein Ist-Preis von EUR 30,46 je m^2.

Produktionsfaktoren: Als Klassifikationskriterien können die verschiedenen Arten der Produktionsfaktoren verwendet werden. Die Klassifikation der Kosten auf der Grundlage der Art der Produktionsfaktoren wird Kostenart genannt.

Die Unterteilung der Kosten in Kostenarten ist im Bauwesen im Hinblick auf die eingesetzten Verfahren zu Kalkulation der Baupreise von zentraler Bedeutung. In der Praxis haben sich verschiedene Kostenartengliederungen als vorteilhaft herausgestellt, die beispielsweise in [Drees/Bahner 1993, S. 40 ff.] detailliert erläutert sind. Hierbei werden teilweise einzelne Kostenarten zu Kostenartengruppen zusammengefasst.

Beispiel: Beispiele für Kostenarten im Bauwesen sind Personalkosten für Löhne oder Gehälter, Materialkosten für Steine, Beton, Mörtel, Putz, Fliesen oder Teppichboden, Kapitalkosten für Zinsen, Kosten für Nachunternehmer, Kosten für Dienstleistungen Dritter wie beispielsweise Kosten für Strom, Wasser, Telefon oder Versicherungen oder Kosten für Steuern, Gebühren oder Beiträge.

Die Einteilung der Kosten in Kostenarten kann entsprechend den Bedürfnissen des Unternehmens erfolgen. In einem Rohbauunternehmen wird beispielsweise keine Kostenart Teppichboden eingeführt, in einem Ausbauunternehmen jedoch schon.

Organisatorische Einheit: In der Regel verfügt ein Unternehmen über mehrere organisatorische Einheiten, die im Unternehmen vorab definierte Funktionen übernehmen. Kosten lassen sich entsprechend der organisatorischen Einheit klassifizieren, in denen sie anfallen. Organisatorische Einheiten, die Kosten verursachen, werden in der Betriebswirtschaftslehre als Kostenstellen bezeichnet. Beispiele für Kostenstellen im Bauwesen sind die Geschäftsleitung, das Technische Büro, die Arbeitsvorbereitung, das Materiallager, der Gerätepark oder das Lohnbüro.

Die Einteilung eines Unternehmens in organisatorische Einheiten erfolgt vor dem Hintergrund, die Gesamtaufgabe eines Unternehmens in sinnvolle Teilaufgaben zu zerlegen und die Bearbeitung dieser Teilaufgaben in den organisatorischen Einheiten durchzuführen. Die Einteilung in organisatorische Einheiten ist Aufgabe der Aufbauorganisation. Eine Aufgabe hierbei ist „die Analyse und Zerlegung der Gesamtaufgabe des Betriebes (Aufgabenanalyse)" [Wöhe 1996, S. 183], eine weitere Aufgabe besteht dann darin, „die Einzelaufgaben zusammenzufassen, indem Stellen gebildet werden (Aufgabensynthese)" [Wöhe 1996, S. 183].

Im Bauwesen werden nicht nur die zentralen Abteilungen des Unternehmens als Kostenstellen eingeführt. Es ist üblich, ebenso die Bauprojekte, die Baustellen als Kostenstellen einzuführen. Damit wird von der Unterscheidung zwischen organisatorischer Einheit und Projekt kein Gebrauch gemacht.

Beispiel: Die Baumann GmbH besitzt keine eigenen Geräte. Wenn auf einer Baustelle ein Baugerät benötigt wird, leiht sich die Baumann GmbH das entsprechende Gerät von der Verleihmann GmbH. In der Baumann GmbH wird dementsprechend keine Kostenstelle „Gerätepark" eingeführt.

Die Baumann GmbH hat jedoch ein umfassendes Lager an Baustoffen. Dieses Lager muss verwaltet werden. Dabei entstehen beispielsweise Kosten für die Mitarbeiter, die das Lager verwalten. Zur Erfassung dieser Kosten wird die Kostenstelle „Materiallager" eingeführt.

Produkt: Kosten lassen sich nach den Produkten des Unternehmens, den hergestellten Gütern und den erbrachten Dienstleistungen klassifizieren. Diese hergestellten Güter oder diese erbrachten Dienstleistungen, die ein Unternehmen anbietet und verkauft, werden in der Betriebswirtschaftslehre Kostenträger genannt. Beispiele für Kostenträger im Bauwesen sind Ausführungsplanungen, statische Berichte, Werkpläne, Fassaden, Ausbauteile wie abgehängte Decken oder Fliesen, technische Gebäudeausrüstungen wie Heizungsanlagen oder Klimaanlagen oder Bauteile wie Wände, Stützen oder Decken.

Im Bauwesen wird jedoch nicht der Begriff „Kostenträger" sondern der Begriff „Kostengruppe" verwendet. DIN 276 definiert eine Kostengruppe als „die Zusammenfassung einzelner nach den Kriterien der Planung oder des Projektablaufs zusammengehörenden Kosten". Der betriebswirtschaftliche Begriff „Kostenträger" entspricht im Wesentlichen dieser Definition. Daher wird im Folgenden der Begriff „Kostengruppe" nicht weiter verwendet.

Auf eine detaillierte Einteilung der Kostenträger wird im Bauwesen teilweise verzichtet. Gesamte Bauwerke werden als Kostenträger eingeführt. Damit ergibt sich im Bauwesen die Besonderheit, dass eine Kostenstelle, ein Bauprojekt, identisch ist mit einem Kostenträger, dem Bauwerk, das im Bauprojekt herzustellen, umzubauen oder zu beseitigen ist.

Beispiel: Die Einteilung der Kosten in Kostenträger richtet sich nach dem, was das Unternehmen an Dienstleitungen oder an Gütern anbietet. Ein Rohbauunternehmen bietet beispielsweise keinen Estrich an. Dementsprechend ergibt sich kein Kostenträger Estrich. Entsprechend DIN 276 entfällt die Kostengruppe 352 „Deckenbeläge".

Im Gegensatz dazu würde ein Rohbauunternehmen als Kostenträger die Wand einführen, da die Rohbauunternehmung das Herstellen von Mauern aus Beton oder Mauerwerk anbietet. Außenwände sind nach DIN 276 in den Kostengruppen 330 ff. und Innenwände in den Kostengruppen 340 ff. zusammengefasst.

2.5.3 Leistungen

Definition des Leistungsbegriffs: In der Betriebswirtschaftslehre wird der Begriff „Leistung" als Gegenteil von Kosten eingeführt. Je nachdem, wie der Begriff „Kosten" eingeführt wurde, wertmäßig oder pagatorisch, ergibt sich für den Begriff „Leistung" eine andere Bedeutung. In der wertmäßigen Bedeutung sind Leistungen das bewertete Resultat der betrieblichen Tätigkeit. In der pagatorischen Bedeutung sind Leistungen gleichzusetzen mit den im externen Rechnungswesen definierten Einnahmen. Da sich in der Betriebswirtschaftslehre der wertmäßige Kostenbegriff durchgesetzt hat, wird analog dazu in der Regel der wertmäßige Leistungsbegriff verwendet.

An dieser Stelle widerspricht die betriebswirtschaftliche Definition des Begriffs „Leistung" der Definition, die der Ingenieur aus der Physik kennt. In der Physik ist Leistung als Arbeit pro Zeit definiert worden.

Bauleistung: Im Bauwesen wird neben dem in der Betriebswirtschaft allgemein gültig verwendeten Begriff „Leistung" der Begriff „Bauleistung" eingeführt. Der Begriff „Bauleistung" ist in der Verdingungsordnung für Bauleistungen (VOB) definiert: „Bauleistungen sind Arbeiten jeder Art, durch die eine bauliche Anlage hergestellt, instand gehalten, geändert oder beseitigt wird" (VOB Teil A §1).

Obgleich die VOB kein Gesetz ist, wird sie häufig in Bauverträgen als Vertragsbestandteil vereinbart. Dies hat dazu geführt, dass die in der VOB definierten Begriffe im Bauwesen akzeptiert sind.

Leistungsbeschreibung: Im Bauwesen werden Verträge zur Herstellung von Bauwerken häufig auf der Grundlage der Beschreibung von Leistungen geschlossen. Wie Leistungen zu beschreiben sind, regelt VOB Teil A §9 Abs. 1: „Die Leistung ist eindeutig und so erschöpfend zu beschreiben, dass alle Bewerber die Beschreibung im gleichen Sinne verstehen müssen und ihre Preise sicher und ohne umfangreiche Vorarbeiten berechnen können". In dieser Definition der Leistungsbeschreibung ist der Begriff „Leistung" dem in der VOB definierten Begriff „Bauleistung" gleichzusetzen.

Der Anteil an Bauvorhaben, bei denen alle Bauleistungen vorab beschrieben sind, sinkt jedoch derzeit. Im Gegensatz zur Leistungsbeschreibung fertigen Bauherren Unterlagen an, in denen die Funktionen des Bauwerks beschrieben sind. Derartige Unterlagen werden funktionale Baubeschreibungen genannt. Innerhalb des jeweiligen Bauunternehmens spielt jedoch die Leistungsbeschreibung nach wie vor eine große Rolle, da unabhängig von der Beschreibung des Bauherrn eine Leistungsbeschreibung zur Kalkulation der Baupreise benötigt wird.

Leistungsverzeichnis: Ein Leistungsverzeichnis enthält die Beschreibungen der Leistungen in einer strukturierten Form. §9 Abs. 9 VOB Teil A regelt in Satz 1 die Struktur: „Im Leistungsverzeichnis ist die Leistung derart aufzugliedern, dass unter einer Ordnungszahl (Position) nur solche Leistungen aufgenommen werden, die nach ihrer technischen Beschaffenheit und für die Preisbildung als in sich gleichartig anzusehen sind".

Klassifikation der Leistungen: In der Betriebswirtschaftslehre spielt die Klassifikation der Leistungen eine untergeordnete Rolle. Dies kann dadurch erklärt werden, dass die Kosten erfasst werden und sich damit die Leistungen als Gegenteil der Kosten direkt bestimmen lassen. Eine Klassifikation der Leistungen ergibt sich somit direkt aus der Klassifikation der Kosten.

Im Gegensatz hierzu spielt die Klassifikation der Leistungen im Bauwesen ein große Rolle. Das Standardleistungsbuch für das Bauwesen (StLB) klassifiziert Bauleistungen. Leistungsbereiche sind eingeführt, in denen

Bauleistungen nach fachlichen Gesichtspunkten zusammengefasst sind. Zur Beschreibung der Bauleistungen in den einzelnen Bereichen stehen Textbausteine zur Verfügung, die – entsprechend zusammengesetzt – eine Leistungsbeschreibung ergeben. Die Textbausteine sind nach fachlichen Gesichtspunkten strukturiert. Der entstehende Text erfüllt die Vorschriften der VOB.

2.5.4 Erfassung der Kosten und Leistungen

Allgemeines: Die Erfassung der Kosten und Leistungen ist Gegenstand der Betriebsdatenerfassung. Allgemein kann die Aufgabe der Betriebsdatenerfassung (BDE) definiert werden als „die Erfassung von Daten aus der Fertigung, die beim innerbetrieblichen Produktionsprozess anfallen" [Gabler 1993, S. 461]. Unter Betriebsdaten versteht man die anfallenden Daten wie beispielsweise Qualitätsdaten, Zeitdaten, Auftragsdaten oder Lohndaten. Die Betriebsdatenerfassung ist ein Oberbegriff. Sie schließt dabei ein, dass die Daten in einer maschinell weiterverarbeitbaren Form erfasst werden.

Als Oberbegriff für die Erfassung von Daten, die nicht zwingend maschinell weiterverarbeitbar sind, kann man das innerbetriebliche Berichtswesen oder Meldewesen ansehen. Aufgabe des innerbetrieblichen Berichtswesen ist es, „den zentralen Verwaltungsstellen die für die Lenkung des Betriebes notwendigen Unterlagen" [Gabler 1993, S. 2250] zu liefern. Dies schließt Informationen über Kosten und Leistungen sowie deren Erfassung mit ein.

Erfassung der Kosten: Im Zusammenhang mit der Klassifikation der Kosten wurden die Begriffe „Grundkosten" und „Zusatzkosten" eingeführt. Den Grundkosten stehen Aufwendungen in gleicher Höhe gegenüber. Dementsprechend werden diese Kosten im externen Rechnungswesen bereits als Aufwendungen erfasst. In den Kontenrahmen, die der Erfassung der Aufwendungen im externen Rechnungswesen zugrunde liegen, wird diesem Umstand Rechnung getragen. Es existieren Konten für Kosten, wobei die Grundkosten direkt aus dem externen Rechnungswesen übernommen werden. Diese Übernahme erfolgt jedoch nicht für jeden Beleg einzeln, es wird vielmehr die Klassifikation der Belege in Konten des externen Rechnungswesens genutzt.

Die Kosten, denen keine Aufwendungen gegenüberstehen, müssen gesondert erfasst werden. Auch hierfür sind in den Kontenrahmen entsprechende Konten vorgesehen. Die Zusatzkosten werden dementsprechend in Belegen erfasst und auf den dafür vorgesehenen Konten des internen Rechnungswesens gebucht.

An dieser Stelle wird noch einmal auf die in Abschnitt 2.3 beschriebene Organisation des Rechnungswesens hingewiesen. Im Einkreissystem werden alle Buchungen innerhalb einer Einheit vorgenommen. Im Zweikreissystem werden die Buchungen des externen Rechnungswesens von den Buchungen des internen Rechnungswesens getrennt erfasst. Über die Einführung zusätzlicher Konten werden die als Aufwendungen gebuchten Grundkosten in den Kreis des internen Rechnungswesens übertragen. Innerhalb des externen Rechnungswesens können somit die übertragenen Aufwendungen getrennt von den nicht übertragenen Aufwendungen betrachtet werden. In der Buchführung bezeichnet man dies als Abgrenzung: die Aufwendungen, denen Kosten gegenüberstehen, werden von den übrigen Aufwendungen abgegrenzt. Analog wird in der Buchführung die Abgrenzung im internen Rechnungswesen definiert: die Kosten, denen Aufwendungen gegenüberstehen, werden von den übrigen Kosten abgegrenzt.

Grundlage der Erfassung der Kosten im Rechnungswesen ist die Erfassung der entsprechenden Daten vor Ort. Im Bauwesen werden Materialien und Einbauteile in Lieferscheinen erfasst. Zur Erfassung geleisteter Arbeitsstunden existiert ein spezielles Berichtswesen. Grundlage des Berichtswesen ist der Bauarbeitsschlüssel für das Bauhauptgewerbe (BAS). Der BAS gliedert die Bauarbeiten in 10 Gruppen. Die Gruppen sind in Tabelle 2.2 gezeigt.

Die Tätigkeits- oder Arbeitsberichte werden üblicherweise als Tages-, Wochen- oder Monatsberichte erstellt. Sie enthalten die gearbeiteten Stunden, aufgeschlüsselt nach den Personen und den Tätigkeiten entsprechend den Bauarbeitsschlüsseln. Ebenso werden Berichte für die Einsatzstunden der Baugeräte angefertigt.

Nr.	Bezeichnung
0	Baustelleneinrichtung- und Randarbeiten
1	Transport- und Umschlagsarbeiten, Stundenlohn und Gerätebedienungsstunden
2	Erd-, Entwässerungs- und Abbrucharbeiten
3	Schal- und Rüstarbeiten
4	Beton- und Stahlbetonarbeiten
5	Maurer- und Putzarbeiten
6	Straßenunterbau- und Deckenarbeiten
7	Straßenbauarbeiten an Nebenanlagen
8	Grundbau- und Wasserbauarbeiten
9	Sonder- und Spezialarbeiten

Tabelle 2.2:
Gruppen der Bauarbeitsschlüssel für das Bauhauptgewerbe (BAS)

Erfassung der Leistungen: Analog zu der in der Betriebswirtschaftslehre eingeführten Klassifikation der Kosten können die Leistungen klassifiziert werden. Dementsprechend gibt es Leistungen, denen Erträge gegenüberstehen und Leistungen, denen keine Erträge gegenüber stehen. Die Kontenrahmen ermöglichen die Einführung von Konten für Leistungen. Die Erträge werden im externen Rechnungswesen erfasst und können, wenn ihnen Leistungen gegenüber stehen, in das internen Rechnungswesen auf der Grundlage der Konten übernommen werden. Die Leistungen, denen keine Erträge gegenüberstehen, sind gesondert zu erfassen. Hierfür können in den Kontenrahmen entsprechende Konten eingerichtet werden. Auch hier ist die Erfassung davon abhängig, ob das Einkreissystem oder das Zweikreissystem zugrunde liegt.

Voraussetzung für die Erfassung der Leistungen auf Konten des internen Rechnungswesens ist die Erfassung erbrachter Bauleistungen vor Ort durch ein Aufmaß. Teilweise wird dies durch entsprechende Verträge festgelegt. Das Aufmaß enthält die Ist-Mengen, beispielsweise den eingebauten Beton in m^3 oder die verputzte Wand in m^2. Zur Abrechnung der Bauleistungen werden Aufmaße dem Bauherrn zur Kontrolle vorgelegt und vom Bauherrn und vom Ausführenden unterschrieben. Anschließend werden die im Aufmaß enthaltenen Ist-Mengen zur Rechnungsstellung genutzt.

Aufmaße werden auch verwendet für interne Leistungsmeldungen. Leistungsmeldungen erfolgen üblicherweise in Tages-, Wochen- oder Monatsberichten. Die Berichte enthalten die erbrachten Bauleistungen und werden neben der Verfolgung und Steuerung des Bauvorhabens verwendet, um den im externen Rechnungswesen auszuweisenden Bestand an unfertigen Erzeugnissen zu bestimmen. Eine detaillierte Beschreibung der internen Leistungsmeldung ist beispielsweise in [Leimböck/Schönnenbeck 1992, S. 25 ff.] gegeben.

2.5.5 Vergangenheitsrechnung
Aufgabe: Ein Unternehmen vertreibt Güter oder bietet Dienstleistungen an. Die Güter und Dienstleistungen werden von den entsprechenden Geschäftspartnern und Kunden bezahlt. Das Unternehmen hat Aufwendungen für die Herstellung eines jeden einzelnen Guts und die Bereitstellung einer jeden einzelnen Dienstleistung. Diese Aufwendungen werden intern bewertet. Aufgabe der Vergangenheitsrechnung ist es, diese Kosten für jedes einzelne Gut und jede einzelne Dienstleistung zu bestimmen, die im Betrieb zur Erstellung oder Bereitstellung angefallen sind. Die Vergangenheitsrechnung bildet damit die Informationsbasis für die Zukunftsrechnung.

Die Schwierigkeit der Berechnung der Kosten besteht darin, dass nicht alle Aufwendungen direkt dem einzelnen Gut oder der einzelnen Dienstleistung zugeordnet werden können. Aus diesem Grund ist eine Berechnung erforderlich, die diese Zuordnung weitestgehend ermöglicht.

Beispiel: Auf einer Baustelle mauert ein Maurer eine Wand. Die Lohnkosten für den Maurer können direkt der Wand zugeordnet werden. Voraussetzung hierfür ist allerdings, dass der Maurer die genaue Zeit angibt, die er zur der Erstellung der Mauer benötigt hat. Diese Zeiten hat der Maurer in seinem Arbeitsbericht auf der Grundlage der Bauarbeitsschlüssel anzugeben.

Neben Aufwendungen für den Lohn des Maurers muss jedoch auch das Gehalt des Bauleiters bezahlt werden. Damit stellt sich die Frage, wie viel vom Gehalt des Bauleiters als zusätzliche Kosten bei der Erstellung dieser spezifischen Wand angesetzt werden sollen.

Vorgehensweise: In der Betriebswirtschaftslehre wird eine Berechnung der Kosten vorgeschlagen, die in drei Stufen erfolgt. In der ersten Stufen werden die Kosten entsprechend den Kostenarten erfasst und für jede einzelne Kostenart berechnet. Bei den Kostenarten wird zwischen Einzelkosten und Gemeinkosten unterschieden. Die entstehenden Gemeinkosten werden entsprechend der eingeführten Kostenstellen für jede der organisatorischen Einheiten einzeln erfasst und der entsprechenden Kostenstelle zugerechnet. Dadurch können die Kosten für den jeweiligen Kostenträger bestimmt werden. Die durch die in der Kostenartenrechnung bestimmten Einzelkosten werden direkt zugeordnet, die in der Kostenstellenrechnung bestimmten Gemeinkosten werden nach festzulegenden Schlüsseln zugeordnet.

Die Kostenartenrechnung, die Kostenstellenrechnung und die Kostenträgerrechnung sind im Folgenden beschrieben. Die grundsätzliche Vorgehensweise zur Berechnung der Kosten ist in Abbildung 2.15 gezeigt.

Aufgabe der Kostenartenrechnung: Aufgabe der Kostenartenrechnung ist es, Informationen über alle angefallenen Kosten zur Verfügung zu stellen. Hierzu müssen die Kosten eines Betriebes vollständig und nach Kostenarten gegliedert erfasst werden.

Festlegung der Kostenarten: Die einzelnen Kostenarten können nach den Erfordernissen des jeweiligen Betriebes festgelegt werden. Grundsätzlich können die Kostenarten getrennt für Material, Personal, Dienstleistungen, öffentliche Abgaben und kalkulatorische Kosten eingeführt werden. Hilfen geben hierbei die Kontenrahmen.

In Tabelle 2.3 sind beispielhaft die Hauptpunkte der Gliederung der Kostenarten im Baukontenrahmen gezeigt.

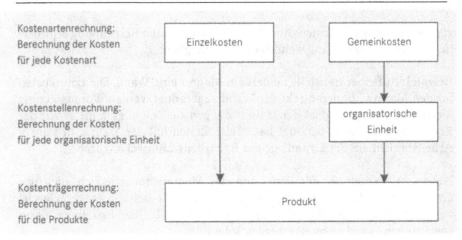

Abbildung 2.15: Vorgehensweise zur Berechnung der Kosten

Tabelle 2.3: Hauptpunkte der Gliederung der Kostenarten im Baukontenrahmen

Nr.	Bezeichnung
60	Personalaufwendungen für gewerbliche Arbeitnehmer, Poliere und Meister sowie Auszubildende
61	Personalaufwendungen für technische und kaufmännische Angestellte sowie Auszubildende
62	Aufwendungen für Roh-, Hilfs- und Betriebsstoffe, Ersatzteile sowie bezogene Waren
63	Aufwendungen für Rüst- und Schalmaterial
64	Aufwendungen für Baugeräte
65	Aufwendungen für Baustellen-, Betriebs- und Geschäftsausstattung
66	Aufwendungen für bezogene Leistungen
67	Verschiedene Aufwendungen
68	Aufwendungen aus der Zuführung zu Rückstellungen
69	Frei

Auswertung der Kostenartenrechnung: Die im externen Rechnungswesen durchzuführende GuV-Rechnung liefert den Jahresüberschuss bzw. den Jahresfehlbetrag. Darüber hinaus können aus der GuV-Rechnung das Betriebsergebnis, das betriebsfremde Ergebnis und das außerordentliche Ergebnis bestimmt werden (siehe Abbildung 2.14). Diese Beträge lassen jedoch nur beschränkt Aussagen über den Betrieb zu, da die kalkulatorischen Kosten nicht berücksichtigt sind. Die Auswertung der Kostenartenrechnung ermöglicht es, kalkulatorische Kosten bei der Berechnung eines Betriebsergebnisses zu berücksichtigen, so dass allein auf der Grundlage der Kostenarten Auswertungen sinnvoll sind.

Beispiel zur Kostenartenrechnung: In Abbildung 2.16 ist die GuV-Rechnung der Baumann GmbH für das Geschäftsjahr 2002 gezeigt. In der GuV-Rechnung ist der Jahresüberschuss von EUR 15.000,– ausgewiesen. Entsprechend Abbildung 2.14 kann das Betriebsergebnis, das betriebsfremde und das außerordentlichen Ergebnis berechnet werden. Das Betriebsergebnis beträgt EUR 6.000,–, das betriebsfremde Ergebnis EUR 19.000,–. Außerordentliche Erträge und Aufwände sind nicht ausgewiesen, das außerordentliche Ergebnis beträgt dementsprechend EUR 0,–.

Die Baumann GmbH besitzt jedoch ein Bürogebäude mit zwei Etagen. Eine Etage ist vermietet. Die zweite Etage wird vom Unternehmen selbst genutzt. Damit stellt sich die Frage, wie viel die Baumann GmbH durch dieses Gebäude und wie viel sie durch ihre übrige Geschäftstätigkeit verdient.

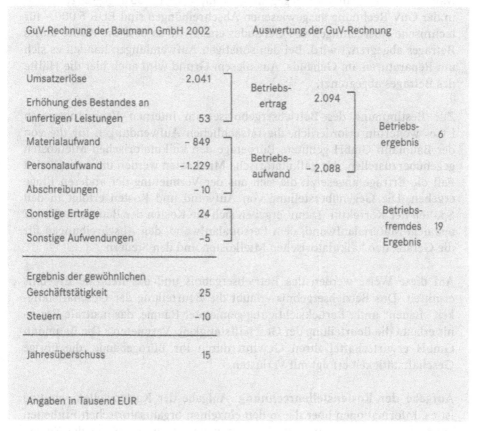

Abbildung 2.16: Auswertung einer GuV-Rechnung

Bei der Berechnung des Verdienstes aus dem Besitz des Gebäudes müssen einerseits die Einnahmen durch die Vermietung sowie die Ausgaben für die Instandhaltung und Pflege sowie die Abschreibungen für das Gebäude selbst berücksichtigt werden. Andererseits muss ebenso berücksichtigt werden, dass die Baumann GmbH Miete zahlen müsste, wenn ihr das Gebäude nicht gehören würde. Diese Mietzahlung muss kalkulatorisch berücksichtigt und innerbetrieblich verrechnet werden. Dementsprechend erfolgt eine Trennung zwischen dem einen Teil des Betriebs, der als Vermieter seines Eigentums auftritt, und dem anderen Teil des Betriebs, der seiner Geschäftstätigkeit „Bauen" nachgeht und hierzu Räume anmietet.

In Abbildung 2.17 ist die Auswertung der Kostenartenrechnung gezeigt. Bei den in der GuV-Rechnung ausgewiesenen sonstigen Erträgen handelt es sich um Mieteinnahmen. Diese Mieteinnahmen werden abgegrenzt. Der Aufwand, der diesen Einnahmen gegenübersteht, wird ebenso abgegrenzt. In den in der GuV-Rechnung ausgewiesenen Abschreibungen sind EUR 5.000,- für technische Ausrüstungen des Gebäudes enthalten, so dass die Hälfte dieses Betrages abgegrenzt wird. Bei den sonstigen Aufwendungen handelt es sich um Reparaturen am Gebäude. Aus diesem Grund wird auch hier die Hälfte des Betrages abgegrenzt.

Zur Bestimmung des Betriebsergebnisses im internen Rechnungswesen ist es weiterhin erforderlich, die tatsächlichen Aufwendungen für die von der Baumann GmbH genutzte Büroetage den kalkulatorischen Mietkosten gegenüberzustellen. Als kalkulatorische Mietkosten werden im vorliegenden Fall die Erträge angesetzt, die sich aus der Vermietung der anderen Etage ergeben. Die Gegenüberstellung von Aufwand und Kosten erfolgt in den Spalten der Korrektur. Damit ergeben sich die Kosten der Baumann GmbH aus dem Materialaufwand, dem Personalaufwand, den Abschreibungen für die Geräte, den kalkulatorischen Mietkosten und den Steuern.

Auf diese Weise werden das Betriebsergebnis und das neutrale Ergebnis ermittelt. Das Betriebsergebnis erlaubt die Beurteilung der Geschäftstätigkeit „Bauen" unter Berücksichtigung gemieteter Räume, das neutrale Ergebnis erlaubt die Beurteilung der Geschäftstätigkeit „Vermieten": Die Baumann GmbH erwirtschaftet ihren Gewinn durch ihr Bürogebäude, die übrige Geschäftstätigkeit erfolgt mit Verlusten.

Aufgabe der Kostenstellenrechnung: Aufgabe der Kostenstellenrechnung ist es, Informationen über die in den einzelnen organisatorischen Einheiten angefallenen Kosten zur Verfügung zu stellen. Hierzu müssen die Kosten eines Betriebes nach Kostenstellen gegliedert erfasst werden.

| | Externes Rechnungswesen | | | Internes Rechnungswesen | | | | |
| | GuV-Rechnung | | Abgrenzung | | Korrektur | | Betriebs-ergebnis | |
	Auf-wand	Ertrag	Auf-wand	Ertrag	Auf-wand	Kosten	Kosten	Leis-tung
Umsatzerlöse		2.041						2.041
Bestand		53						53
Materialaufwand	849						849	
Personalaufwand	1.229						1.229	
Abschreibungen	10		2,5		2,5		5	
Sonst. Erträge		24		24				
Sonst. Aufwend.	5		2,5		2,5	24	24	
Steuern	10						10	
	2.103	2.118	5	24	5	24	2.117	2.094
	15		19		19			23
	2.128	2.118	24	24	24	24	2.117	2.117
	Gesamtergebnis		Neutrales Ergebnis				Betriebs-ergebnis	
	+ 15		+ 38				- 23	

Angaben in Tausend EUR

Abbildung 2.17: Auswertung der Kostenartenrechnung

Festlegung der Kostenstellen: Die Einteilung eines Betriebs in organisatorische Einheiten kann nach den Bedürfnissen des Betriebes erfolgen. Für die einzelnen organisatorischen Einheiten werden Kostenstellen eingerichtet. Hierbei unterscheidet man in der Betriebswirtschaftslehre zwischen Hauptkostenstellen und Nebenkostenstellen. Nebenkostenstellen sind dabei eine zusätzliche Einteilung der Hauptkostenstellen, so dass die Kosten einer Nebenkostenstelle genau einer Hauptkostenstelle zugeordnet werden.

Im Bauwesen werden häufig die Baustellen als Kostenstellen eingeführt. Hierin unterscheidet sich die Bauindustrie von den übrigen Industriezweigen, da in der Bauindustrie die Einteilung in Kostenstellen einem stetigen Wandel unterworfen ist. In allen übrigen Industriezweigen ist man bemüht, die Einteilung des Betriebes in organisatorische Einheiten und somit die Festlegung der Kostenstellen für einen längeren Zeitraum vorzunehmen und in diesem Zeitraum nicht mehr zu verändern.

In der Regel ist man in den Betrieben bemüht, einen Verantwortlichen für eine organisatorische Einheit zu benennen. Dieser Verantwortliche ist somit auch für die Kosten innerhalb der organisatorischen Einheit verantwortlich.

Auswertung der Kostenstellenrechnung: Durch die Kostenstellenrechnung werden die Kosten einer Kostenstelle berechnet. Im Wesentlichen ist die Berechnung eine Addition der innerhalb der Kostenstelle angefallenen Kosten. Diese Kosten können mit einem Budget verglichen werden, das für die Arbeiten der Kostenstelle zur Verfügung gestellt wurde.

Aufgabe der Kostenträgerrechnung: Aufgabe der Kostenträgerrechnung ist es, die Kosten der im Betrieb erzeugten Produkte oder der durch den Betrieb bereitgestellten Dienstleistungen zu bestimmen. Im Bauwesen ist das Produkt häufig das herzustellende Bauwerk. Derzeit findet jedoch ein Umdenken in der Bauindustrie statt. Im Vordergrund steht mehr die Organisation der Prozesse beim Entwickeln, Planen, Herstellen und Betreiben von Bauwerken, so dass die Kostenträger mehr und mehr Dienstleistungen werden.

Festlegung der Kostenträger: Die Festlegung der Kostenträger erfolgt nach den Bedürfnissen des Betriebes. Entscheidend ist dabei, was der Betrieb verkauft. Wenn der Betrieb in der Herstellung von Tragwerken tätig ist, so sind die Kostenträger die Tragwerke, die es herzustellen gilt. Wenn der Betrieb in der Bauüberwachung oder Koordination tätig ist, so sind die Kostenträger die bereitgestellten Dienstleistungen.

Die Frage, wie detailliert die Kostenträger festzulegen sind, muss jeder Betrieb selbst beantworten. Beispielsweise können einzelne Wände, die in einem Bauwerk herzustellen sind bzw. hergestellt wurden, als Kostenträger eingeführt werden. Ebenso kann das ganze Bauwerk als Kostenträger eingeführt werden. Im Bauwesen werden häufig ganze Bauwerke als Kostenträger eingeführt. Damit hat das Bauwesen eine Sonderstellung in der Allgemeinen Betriebswirtschaftslehre, denn Kostenstelle und Kostenträger sind gleich. Als Kostenstelle wird die Baustelle eingeführt, als Kostenträger das auf der Baustelle zu errichtende Bauwerk. Dies ist ein Sonderfall, da in der Regel Kostenstelle und Kostenträger nicht übereinstimmen.

Auswertung der Kostenträgerrechnung: Die Kostenträgerrechnung erlaubt es, die Kosten der einzelnen Kostenträger zu bestimmen. Hierzu müssen die Kosten entsprechend der Kostenarten erfasst werden. Die Kostenstellen und die Kostenträger müssen festgelegt sein. Darüber hinaus müssen noch zwei weitere Voraussetzungen erfüllt sein. Zum einen ist festzulegen, ob innerbetrieblich Rechnungen zwischen den einzelnen Kostenstellen gestellt dürfen oder nicht. Zum anderen ist festzulegen, welche Verrechnungssätze eingeführt werden, wenn innerbetriebliche keine Rechnungen gestellt werden.

Neben der Besonderheit im Bauwesen, dass Kostenstellen und Kostenträger identisch sind, werden beim Aufstellen der Kosten auch die Leistungen für jede Kostenstelle mit erfasst. Es werden somit für jede Kostenstelle die Kosten, aufgeschlüsselt nach Kostenarten, den Leistungen gegenübergestellt. Man bezeichnet daher diese Auswertung als Kosten- und Leistungsrechnung (KLR).

Beispiel zur Kostenträgerrechnung: Betrachtet wird die Baumann GmbH, die intern eine organisatorische Einheit Verwaltung und eine organisatorische Einheit Werkstatt eingeführt hat. Darüber hinaus werden die einzelnen Baustellen als organisatorische Einheiten betrachtet. Im vorliegenden Beispiel sind dies die Baustellen A, B und C. Damit existieren fünf Kostenstellen, Verwaltung, Werkstatt sowie Baustelle A, Baustelle B und Baustelle C.

Die Verwaltung stellt innerbetrieblich keine Rechnungen. Damit existieren innerhalb der Verwaltung keine Kostenträger. Die Kosten der Verwaltung werden auf die übrigen Kostenträger umgelegt. Die Verteilung erfolgt prozentual in Abhängigkeit von den gesamten übrigen Kosten.

Die Werkstatt wird als Profitcenter geführt. Sie verwaltet die Baugeräte sowie die Rüst- und Schalmittel. Innerbetrieblich stellt die Werkstatt den Baustellen die Baugeräte sowie die Rüst- und Schalmittel zur Verfügung. Entsprechende Rechnungen werden innerbetrieblich verbucht. Die Baustellen beziehen weder Baugeräte noch Rüst- und Schalmittel von externen Geschäftspartnern.

Damit verfügt die Baumann GmbH über Kostenträger innerhalb der Werkstatt und auf den Baustellen. Zur Vereinfachung werden vier Kostenträger festgelegt, die Werkstatt sowie die Baustellen A, B und C.

In Abbildung 2.18 sind die Kostenstellen und die erwirtschafteten Leistungen der Baumann GmbH gezeigt. Die Kosten sind, nach Kostenarten gegliedert, ebenso dargestellt. Die Kosten der Kostenstelle Verwaltung werden auf die

	Verwaltung	Werkstatt	Baustelle A	Baustelle B	Baustelle C
Leistung		66,00	423,00	293,00	80,00
Personal gewerblich		15,00	204,00	161,00	36,00
Personal technisch/kaufmännisch	40,00		6,00	4,00	1,50
Baustoffe			70,00	45,00	20,00
Rüst- und Schalmaterial		15,00	12,50	7,50	2,50
Baugeräte		29,50	20,00	15,00	8,50
Fremdleistungen			10,00	5,00	
Sonstige Kosten	55,00	5,00	14,00	8,00	3,50
Kosten	95,00	64,50	336,50	245,50	72,00
Verrechnung der Verwaltung	-95,00		→ 48,89	→ 35,67	→ 10,43
Selbstkosten (Kosten + Verrechnung)	0,00	64,50	385,39	281,17	82,43
Ergebnis (Kosten - Selbstkosten)		1,50	37,60	11,83	-2,43

Angaben in Tausend EUR

Abbildung 2.18: Kostenarten und Kostenstellen

Baustellen verteilt. Die Verteilung erfolgt proportional zu den auf den Baustellen angefallenen Kosten. Damit wird davon ausgegangen, dass die Baustellen proportional zu ihren Kosten Aufwendungen in der Verwaltung verursachen. Ebenso wird davon ausgegangen, dass die Werkstatt keine Kosten
in der Verwaltung verursacht.

Die Selbstkosten errechnen sich aus den Kosten und den entsprechenden
Verrechnungen. Die Gegenüberstellung von Selbstkosten und Leistungen
ergibt das Ergebnis der einzelnen Kostenträger, wobei im vorliegenden Beispiel Kostenträger und Kostenstelle teilweise identisch sind.

Bei der Beurteilung der Ergebnisse der einzelnen Kostenträger ist zu
berücksichtigen, dass die Werkstatt ihre Leistungen durch innerbetriebliche
Rechnungsstellung erzielt hat. Ein entsprechender Vergleich der Preise der
Werkstatt mit Preisen am Markt ist dementsprechend zur Beurteilung des
Ergebnisses der Werkstatt unerlässlich. Ebenso ist zu berücksichtigen, wie
die Kosten der Verwaltung verrechnet wurden. Wenn eine andere Verteilung
zugrunde gelegt wird, kann das Ergebnis der Baustelle C positiv ausfallen.

Verbindung zum Jahresabschluss: Die Zahlen der KLR können im Bauwesen genutzt werden, um die Werte nicht abgerechneter und abgerechneter Bauvorhaben in den Jahresabschluss zu übernehmen. Entsprechend den Vorschriften des HGB sind in der Handelsbilanz die nicht abgerechneten fertigen Bauleistungen mit den Herstellkosten zu bewerten. Es ergibt sich somit eine Bestandserhöhung um genau diese Herstellkosten. Die Herstellkosten bilden zusammen mit den zusätzlichen Kosten, die nicht aktivierungspflichtig sind und dementsprechend nicht bei der Bestandserhöhung zu berücksichtigen sind, den Aufwand.

Im Folgejahr, wenn das Bauvorhaben abgerechnet ist, vermindert sich der Bestand um die im Vorjahr angesetzten Herstellkosten. Der Aufwand ergibt sich aus den gesamten Kosten. Darüber hinaus sind die entstandenen Forderungen gegenüber dem Bauherrn zu berücksichtigen, ggf. sind Rückstellungen zu bilden.

Die Verfahren, die zur Übernahme der Werte aus der KLR in den Jahresabschluss führen, sind beispielsweise in [Leimböck/Schönnenbeck 1992, S. 65 ff.] beschrieben. Bei der Anwendung dieser Verfahren ist zu berücksichtigen, dass teilweise Wahlrecht besteht, ob Kosten den Herstellkosten zuzurechnen sind oder nicht. Dieses Wahlrecht ist unterschiedlich, je nachdem, ob die Vorschriften des HGB oder die der Steuergesetze zugrunde gelegt werden.

Betriebsabrechnungsbogen: Die tabellarische Aufstellung der Kostenarten und Kostenstellen sowie die in dieser Tabelle durchgeführte Berechnung der Ergebnisse der Kostenträger wird in der Betriebswirtschaftslehre Betriebsabrechnungsbogen (BAB) genannt. Beim Aufstellen des BAB unterscheidet man in der Betriebswirtschaftslehre zwischen Hauptkostenstellen und Nebenkostenstellen. Hauptkostenstellen sind Kostenstellen, denen Nebenkostenstellen zugeordnet sind. Die in den zugeordneten Nebenkostenstellen angefallenen Kosten werden auf die jeweilige Hauptkostenstelle umgelegt. Nebenkostenstellen werden teilweise auch als Hilfskostenstellen bezeichnet. Das Einführen der Nebenkostenstellen kann zur weiteren Untergliederung der organisatorischen Einheiten eines Betriebes genutzt werden.

Verrechnung der Kosten zwischen Kostenstellen: In der Betriebswirtschaftslehre hat man verschiedene Verfahren entwickelt, wie Kosten einer Kostenstelle auf andere Kostenstellen verteilt werden. Man unterscheidet zwischen der Vollkostenrechnung und der Teilkostenrechnung.

Bei der Vollkostenrechnung werden alle Kosten einer Kostenstelle auf Kostenträger verteilt. Dies erfolgt unabhängig davon, ob es sich bei den zu verteilenden Kosten um fixe Kosten oder um variable Kosten handelt. Wenn beispielsweise im Materiallager eine Kostenstelle für Kleingeräte wie Maurerkelle, Besen, Hammer, Zange etc. eingeführt wird, so kann innerhalb dieser Kostenstelle unterschieden werden zwischen den Kosten für den Mitarbeiter des Materiallagers und den Mietkosten für das Materiallager, den fixen Kosten sowie den Kosten für die Kleingeräte, den variablen Kosten. Wenn bei der Vollkostenrechnung die gesamten Kosten auf die Kostenträger verteilt werden, kann dies zu einer Verteilung führen, die nicht dem Prinzip der Verursachung entspricht. Wenn beispielsweise die Baustelle A viele Handwerker beschäftigt, dann ist der Verbrauch der Kleingeräte auf dieser Baustelle hoch. Eine Verteilung der variablen Kosten für Kleingeräte auf der Grundlage der geleisteten gewerblichen Arbeitsstunden würde dem Verursacherprinzip eher gerecht werden.

Bei der Teilkostenrechnung werden die fixen Kosten getrennt von den variablen Kosten auf die Kostenträger verteilt. Beispielsweise werden die fixen Kosten des Materiallagers für Kleingeräte auf der Grundlage der Bauleistungen verteilt, die variablen Kosten werden auf der Grundlage der geleisteten gewerblichen Arbeitsstunden verteilt. Die Teilkostenrechnung kann somit besser die Kosten nach dem Verursacherprinzip den Kostenträgern zuweisen. Die Teilkostenrechnung wird jedoch im Bauwesen selten eingesetzt. In anderen Wirtschaftsbereichen sind Teilkostenrechnungen jedoch üblich. Beispielsweise werden Teilkostenrechnungen im Handel durchgeführt, wenn Sonderangebote ausgewiesen werden. Diesen Sonderangeboten weist man in der Regel ausschließlich variable Kosten zu, fixe Kosten müssen durch den Verkauf der übrigen Waren erwirtschaftet werden.

Nachkalkulation: Im Bauwesen hat man neben der Kostenträgerrechnung Verfahren erfunden, auf deren Grundlage die erzielten Preise den angefallenen Kosten gegenübergestellt werden können. Dieses Verfahren heißt Nachkalkulation. Bei der Nachkalkulation unterscheidet man zwischen der technischen und der kaufmännischen Nachkalkulation.

Die technische Nachkalkulation umfasst im Wesentlichen eine Kontrolle der Mengen an Materialien, die in ein Bauwerk eingebaut wurden, und die Kontrolle der Zeiten, die zum Einbau dieser Materialien erforderlich waren. Damit liefert die Nachkalkulation die Aufwandswerte, die als Grundlage für die Zukunftsrechnung erforderlich sind.

Voraussetzungen für die technische Nachkalkulation sind, dass die eingebauten Mengen sowie die gearbeiteten Stunden von Mensch und Maschine erfasst wurden. Die Mengen werden in der Regel durch ein Aufmaß bestimmt.

Die gearbeiteten Stunden werden in der Regel in Arbeitsberichten erfasst. Zur Beschreibung der ausgeführten Tätigkeiten werden dabei in der Regel die Bauarbeitsschlüssel (BAS) verwendet.

Die kaufmännische Nachkalkulation umfasst im Wesentlichen die Kontrolle der erzielten Preise. Sie setzt voraus, dass ein Vertrag auf der Grundlage eines Leistungsverzeichnisses geschlossen wurde. In diesem Leistungsverzeichnis sind die Sollkosten enthalten. Darüber hinaus setzt die Nachkalkulation voraus, dass aus den Berichten eine Zuordnung der Tätigkeiten zu den Leistungspositionen ersichtlich ist.

In der kaufmännischen Nachkalkulation werden die Kosten für die Tätigkeiten auf der Grundlage der Berichte ermittelt. Diese Kosten können anschließend den Sollkosten gegenübergestellt werden. Die Sollkosten sind als Folge des geschlossenen Vertrages gleich den erzielten Preisen.

Beispiel zur Nachkalkulation: Betrachtet wird das Betonieren einer Bodenplatte. Das Aufmaß hat ergeben, dass insgesamt 10.200 m^3 Beton eingebaut wurden. Die Auswertung der Arbeitsberichte hat ergeben, dass beim Einbauen des Betons, betonieren, rütteln und abziehen, insgesamt 1275 Stunde gearbeitet wurden. Damit ergibt sich der Aufwandswert zum Einbauen von Beton in Bodenplatten zu 0,125 h/m^3.

Nicht enthalten in diesem Aufwandswert sind die Tätigkeiten, die im Zusammenhang mit der Anlieferung des Betons und der Betreibung der Betonpumpe stehen. Die Aufwandswerte für diese Tätigkeiten müssten aus den dafür verbrauchten Stunden analog ermittelt werden.

Für die kaufmännische Nachkalkulation werden die Lohnkosten betrachtet, die in Höhe von EUR 14.114,25 entstanden sind. Die Lohnnebenkosten betrugen EUR 1.638,37. Diese Kosten werden bestimmt, indem die als Folge der Berichte ausgezahlten Löhne sowie die Lohnnebenkosten addiert werden. Aus den Lohnkosten kann im vorliegenden Beispiel der Mittellohn A (ohne Sozialkosten und ohne Lohnnebenkosten) sowie das Mittel der Lohnnebenkosten bestimmt werden.

In diesem Fall ergibt der Mittellohn A 11,07 EUR/h, das Mittel der Lohnnebenkosten ergibt 1,28 EUR/h. Diese Werte lassen sich mit den vertraglich vereinbarten Sollkosten vergleichen. Die Abweichungen können sowohl für die berechneten Mittelwerte Mittellohn A und Lohnnebenkosten als auch in ihrer Summe bestimmt werden.

2.5.6 Zukunftsrechnung

Aufgabe: Aufgabe der Zukunftsrechnung ist es vorherzusagen, welche Kosten für Produkte und Dienstleistungen innerhalb des Betriebs anfallen werden. Diese Kosten bilden die Grundlage für die Preise, zu denen der Betrieb seine Produkte und Dienstleistungen am Markt anbietet.

Vorgehensweise: Im Allgemeinen ist die Vergangenheitsrechnung eine Voraussetzung für die Zukunftsrechnung. Die Vergangenheitsrechnung bildet dabei die Informationsbasis, auf deren Grundlage die Zukunftsrechnung erfolgt.

Abweichend hiervon haben sich Verfahren entwickelt, die eine Marktanalyse zur Grundlage haben. Ziel der Marktanalyse ist es festzustellen, zu welchem Preis ein Produkt oder eine Dienstleistung am Markt verkauft werden kann. Der Verkaufspreis bildet somit die Grundlage für die Frage, was die Herstellung des Produktes oder die Bereitstellung der Dienstleistung kosten darf. Im Bauwesen spielen derartige Verfahren jedoch heute noch eine untergeordnete Rolle. Sie werden daher im Folgenden nicht weiter behandelt.

In der Betriebswirtschaftslehre wird die Kostenträgerrechnung auch für die Zukunftsrechnung eingesetzt. Im Bauwesen wurden spezielle Verfahren entwickeln, die unter dem Begriff Vorkalkulation zusammengefasst werden können. Im Folgenden sind die Verfahren der Zukunftsrechnung beschrieben.

Kostenträgerrechnung: Der Begriff „Kostenträgerrechnung" wird in der Betriebswirtschaftslehre sowohl in der Vergangenheitsrechnung als auch in der Zukunftsrechnung verwendet. Das Verfahren selbst ist unabhängig davon, in welcher der beiden Rechnungen es eingesetzt wird. Insofern gelten sinngemäß alle Ausführungen zur Vergangenheitsrechnung auch für die Zukunftsrechnung. Der wesentliche Unterschied ist, dass die Entwicklung der Kosten einerseits bei den Kostenarten und andererseits bei den Kostenstellen berücksichtigt wird.

Die Entwicklung der Kosten spielt insofern eine Rolle, da bei der Zukunftsrechnung nicht die in der Vergangenheitsrechnung bestimmten Kosten eingesetzt werden dürfen. Es ist vielmehr abzuschätzen, wie sich die Kosten in der Zukunft verändern. Hierzu können einerseits die Preise zeitnah bei den Lieferanten abgefragt werden, andererseits können Änderungen der Tarife für Löhne beobachtet werden. Ebenso sind bei Geschäften im Ausland Schwankungen in der Umrechnung zwischen den Währungseinheiten zu berücksichtigen. Die so abgeschätzten Kosten werden entsprechend den Kostenarten und Kostenstellen erfasst.

Darüber hinaus ist die Entwicklung des Betriebes selbst zu berücksichtigen. Hierbei spielt der zu erwartende Umsatz eine wesentliche Rolle. Der zu erwartende Umsatz bildet die Grundlage für die Abschätzung der zu erwartenden Erträge, die als Leistungen in die Kostenträgerrechnung eingehen.

Damit sind sowohl die Kosten entsprechend der Kostenarten und der Kostenstellen als auch die Leistungen bekannt, so dass nach Festlegung entsprechender Verrechnungssätze die Kosten der Kostenträger berechnet werden können.

Vorkalkulation: Unter dem Begriff Vorkalkulation werden im Bauwesen verschiedene Kalkulationen verstanden, die sich hinsichtlich des Zeitpunktes, wann die Kalkulation aufgestellt wird, und des Zeitraumes, in dem die Kalkulation bearbeitet wird, unterscheiden. Die Arten der Vorkalkulation sind in Abbildung 2.19 gezeigt.

Die Angebotskalkulation wird erstellt, wenn ein Bauherr zur Angebotsabgabe auffordert oder die Herstellung eines Bauwerks ausschreibt. Hierzu legt der Bauherr entweder ein Leistungsverzeichnis oder eine funktionale Beschreibung des Bauwerks vor. Darüber hinaus sind oft Entwürfe eines Architekten verfügbar. Die Bauunternehmen benutzen in der Regel ein Leistungsverzeichnis als Grundlage ihrer Angebotskalkulation. Im Zweifel

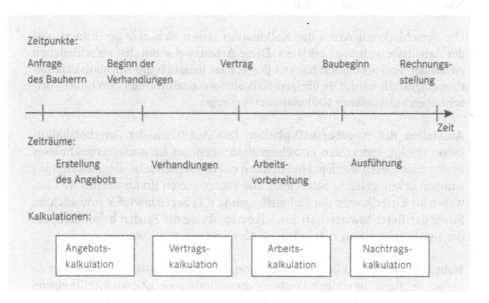

Abbildung 2.19: Arten der Vorkalkulation

erstellen sie das Leistungsverzeichnis auf der Grundlage der vorliegenden funktionalen Beschreibung und der vorliegenden Pläne.

Die Angebotskalkulation wird häufig Vertragsbestandteil. Dementsprechend werden in den Verhandlungen mit dem Bauherrn die einzelnen Positionen der Kalkulation durchgesprochen. Die Kalkulation selbst wird dadurch zur Vertragskalkulation. In der Literatur wird neben dem Begriff Vertragskalkulation auch der Begriff Auftragskalkulation verwendet.

Die Vertragskalkulation ist Grundlage der Arbeitsvorbereitung. Bei der Arbeitsvorbereitung werden u.a. Termine und Kapazitäten geplant. Grundlage hierfür ist – neben den Kenntnissen über Bauverfahren und über Kapazitäten des eigenen Betriebs sowie entsprechende Kapazitäten der Nachunternehmer – die Kalkulation. Die Vertragskalkulation wird somit zur Arbeitskalkulation. Hierbei kann es beispielsweise als Folge von Auflagen der Behörden zu Änderungen in der Kalkulation kommen, wenn beispielsweise andere Materialien einzubauen sind.

Während der Bauausführung kann der Bauherr Änderungen veranlassen, so dass die Vertragsgrundlage zu ändern ist. Das ausführende Unternehmen ist als Folge der Änderungen berechtigt, Mehraufwand geltend zu machen. Hierzu werden Nachträge gestellt, die Kalkulation wird dementsprechend Nachtragskalkulation genannt.

Die verschiedenen Arten der Kalkulation lassen sich, wie geschildert, aus der Arbeitsweise heraus erklären. Diese Arbeitsweise mit den verschiedenen Arten der Vorkalkulation hat zur Folge, dass lediglich die Angebotskalkulation aufgestellt wird. Die übrigen Kalkulationsarten werden durch das Fortschreiben vorhandener Kalkulationen erzeugt.

Aufstellen der Angebotskalkulation: Das Aufstellen der Angebotskalkulation erfolgt, indem den einzelnen Positionen des Leistungsverzeichnisses Preise zugewiesen werden. Hierzu kann es erforderlich sein, die Leistungspositionen detaillierter zu betrachten. Die zugeordneten Preise werden im Bauwesen als Einzelkosten der Teilleistungen (EKT) bezeichnet. Sie sind auch im Sinne der Betriebswirtschaft Einzelkosten, da sie die Kosten beinhalten, die der Leistungsposition zugeordnet werden können.

Neben den EKT sind in der Kalkulation die Gemeinkosten der Baustelle zu berücksichtigen. In einigen Leistungsverzeichnissen existieren hierfür eigene Positionen. Aus den EKT und den Gemeinkosten der Baustelle ergeben sich die Herstellkosten. Bei den so bestimmten Herstellkosten handelt es sich in der Regel auch um Herstellkosten entsprechend den Vorschriften des HGB.

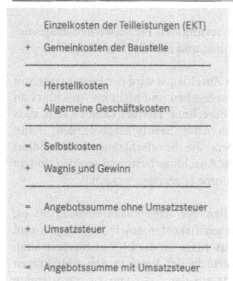

Einzelkosten der Teilleistungen (EKT)

+   Gemeinkosten der Baustelle

=   Herstellkosten

+   Allgemeine Geschäftskosten

=   Selbstkosten

+   Wagnis und Gewinn

=   Angebotssumme ohne Umsatzsteuer

+   Umsatzsteuer

=   Angebotssumme mit Umsatzsteuer

Abbildung 2.20:
Berechnung der Angebotssumme

Die Selbstkosten errechnen sich aus den Herstellkosten sowie den zu berücksichtigenden allgemeinen Geschäftskosten. Die allgemeinen Geschäftskosten sind hierbei gleichzusetzen mit allen übrigen Kosten, die nicht in den EKT und in den Gemeinkosten der Baustelle erfasst wurden.

Die Angebotssumme ergibt sich, indem Wagnis und Gewinn berücksichtigt werden. Darüber hinaus sind Steuern zu berücksichtigen. Der Weg zur Berechnung der Angebotssumme ist in Abbildung 2.20 gezeigt.

Die Angebotssumme allein bildet jedoch im Bauwesen nicht die Vertragsgrundlage. Vertragsgrundlage sind vielmehr die Einheitspreise, d.h. die Preise für die Teilleistungen je Mengen- und Zeiteinheit unter Berücksichtigung der Gemeinkosten des Geschäftsbedarfs, des Wagnisses und des Gewinns sowie – je nach Leistungsverzeichnis – der Gemeinkosten der Baustelle. Im Bauwesen werden zwei Verfahren zur Berechnung der Preise der Teilleistungen eingesetzt, die Kalkulation über die Endsumme und die Kalkulation mit vorbestimmten Zuschlägen.

Bei der Kalkulation über die Endsumme wird entsprechend Abbildung 2.20 die Angebotssumme ermittelt. Hierzu werden Werte für die allgemeinen Geschäftskosten sowie Wagnis und Gewinn eingesetzt, die entweder prozentual aus den Herstellkosten errechnet werden oder fest vorgegeben werden. Aus der Differenz zwischen der Angebotssumme und den Herstellkosten wird ein Prozentsatz errechnet, mit dem die EKT und die Gemeinkosten der

Baustelle beaufschlagt werden. Die so bestimmten Preise werden ausgewiesen als Preise pro Mengen- und Zeiteinheit und sind die Einheitspreise.

Bei der Kalkulation mit vorbestimmten Zuschlägen wird der Prozentsatz, mit dem die EKT zu multiplizieren sind, vorgegeben und nicht im Anschluss an die Bestimmung der Angebotssumme berechnet. Hierbei kann es sein, dass lediglich zeitabhängige EKT wie Lohnkosten beaufschlagt werden. Somit ergibt sich die Angebotssumme, indem die beaufschlagten EKT addiert werden. Die Gemeinkosten können im Anschluss bestimmt werden, indem die Herstellkosten von der Angebotssumme abgezogen werden.

Eine wesentliche Frage beim Aufstellen der Angebotskalkulation ist es, welche Werte für die allgemeinen Geschäftskosten sowie für Wagnis und Gewinn bzw. welche vorbestimmten Zuschläge für die EKT anzusetzen sind. In Bauunternehmen werden diese Werte in der Regel in den Abteilungen des kaufmännischen Rechnungswesens auf der Basis von zu erwartenden Umsätzen bestimmt. In den Abteilungen zur Angebotsbearbeitung sind diese Werte zu verwenden, sie können dort jedoch nicht nachvollzogen werden.

Fortschreiben einer Vorkalkulation: Nach dem Aufstellen der Angebotskalkulation werden alle übrigen Kalkulationen erzeugt, indem Werte innerhalb der Kalkulation verändert werden. Dies können zum einen Nachlässe sein, die dem Bauherrn bei den Vertragsverhandlungen eingeräumt werden. Ebenso können es Änderungswünsche des Bauherrn sein. So entsteht eine Kalkulation, welche die Vertragsgrundlage bildet.

Die Vertragskalkulation muss als Original erhalten bleiben. Sie bildet die Grundlage für die Abrechnung des Bauvorhabens. Bei der weiteren Bearbeitung des Bauvorhabens kann es zu Änderungen kommen, die in der Arbeitskalkulation erfasst werden. Die Arbeitskalkulation ist erforderlich, um die Änderungen zu dokumentieren. Hierbei kann es sein, dass Fehler erkannt werden, die beim Aufstellen der Angebotskalkulation entstanden sind.

In die Arbeitskalkulation werden die realen Mengen eingetragen. Die realen Mengen sind zur Abrechnung erforderlich. Die Abrechnung erfolgt auf der Grundlage der Einheitspreise, die in der Vertragskalkulation festgeschrieben sind, multipliziert mit den realen Mengen. Dementsprechend kann es zu Nachträgen gegenüber den vertraglich vereinbarten Bauleistungen kommen.

Verbindung zur Steuerung von Bauvorhaben: Die Steuerung von Bauvorhaben setzt voraus, dass Informationen über den jeweils aktuellen Stand verfügbar sind. Wesentliche Informationen sind hierbei die Kosten, die im jeweiligen Bauvorhaben angefallen sind. Die zeitnahe Verfügbarkeit dieser Kosteninformationen setzt abgestimmte Strukturen voraus, damit die Informationen ohne großen zusätzlichen Aufwand gewonnen werden können.

Ein wesentlicher Aspekt ist die Abstimmung der Kostenarten mit den Konten des externen Rechnungswesens. Die EKT werden als Summe der Kosten je Kostenart ermittelt. Wenn die Struktur der Kostenarten abgestimmt ist mit den Konten des externen Rechnungswesens, können die gebuchten Beträge mit den in der Kalkulation angesetzten Beträgen direkt verglichen werden. Der zeitnahe Vergleich kann bei Differenzen zwischen diesen Beträgen dazu führen, dass Probleme rechtzeitig erkannt werden.

Neben der Abstimmung der Kostenarten mit den Konten ist es für die Steuerung von Bauvorhaben zweckmäßig, weitere Informationen aufeinander abzustimmen. Beispiele hierfür sind Informationen über Geräte und Tätigkeiten. Die Vorgehensweise zur Abstimmung dieser Informationen und der dadurch zu erzielende Vorteil sind beispielsweise in [Bergweiler 1989] erläutert.

2.6 Beurteilung

Die Zusammenstellung der fachlichen Grundlagen des externen und internen Rechnungswesens zeigt, dass für die einzelnen Aufgaben jeweils Verfahren zur Verfügung stehen, die – soweit vorgeschrieben – die gesetzlichen Vorschriften erfüllen. Sie sind in der Praxis erprobt. Die Verfahren wurden in den beteiligten Disziplinen entwickelt, in der Betriebswirtschaftslehre, im Baubetrieb sowie in den weiteren Disziplinen des Bauwesens.

Die Verfahren, die in einer der beteiligten Disziplinen entwickelt wurden, sind innerhalb der jeweiligen Disziplin aufeinander abgestimmt. Zwischen den Disziplinen hat jedoch keine grundsätzliche Abstimmung stattgefunden. Die daraus resultierenden Probleme lassen sich nicht „am einzelnen Schreibtisch" erkennen. Sie betreffen das Zusammenspiel bei der Bearbeitung der verschiedenartigen Aufgaben, für die Verfahren aus unterschiedlichen Disziplinen zur Verfügung stehen. Dementsprechend liegen die Probleme „zwischen den Schreibtischen". Diese Probleme werden im Folgenden an drei Beispielen verdeutlicht.

Die Definitionen des Begriffs „Kosten": Im Bauwesen wird, wie in Kapitel 2.5.2 erläutert, der Begriff „Kosten" definiert als „Aufwendungen". In der Betriebswirtschaftslehre sind Kosten der „bewertete Verbrauch".

Wenn im Baubetrieb ein Vergleich der Sollkosten mit den Istkosten vorgenommen wird, wie dies im Beispiel zum Kriterium Zeit in Kapitel 2.5.2 erläutert ist, handelt es sich somit im Sinne der Betriebswirtschaftslehre um den Vergleich von Aufwendungen. Eine Bewertung, wie sie in der Betriebswirtschaftslehre vorzunehmen ist, findet nicht statt.

Wie in Kapitel 2.5.6 im Abschnitt „Verbindung zur Steuerung von Bauvorhaben" erläutert, erfolgt im Baubetrieb eine Abstimmung der Konten im externen Rechnungswesen mit den Kostenarten, die in der Kalkulation verwendet werden. Dies ermöglicht zwar die effiziente Durchführung des Vergleichs der Sollkosten mit den Istkosten, die so bestimmten Zahlen können jedoch nicht in die allgemeinen betriebswirtschaftlichen Verfahren zur Steuerung von Projekten eingehen, da es sich im Sinne der Betriebswirtschaftslehre nicht um Kosten handelt.

Die Definitionen des Begriffs „Leistung": Im Bauwesen wird, wie in Kapitel 2.5.3 beschrieben, der Begriff „Leistung" definiert als „Arbeit". In der Betriebswirtschaftslehre sind „Leistungen" das Gegenteil von „Kosten" und somit das bewertete Ergebnis einer Tätigkeit. Das Ergebnis durchgeführter Arbeiten wird im Bauwesen dokumentiert in Aufmaßen, wie in Kapitel 2.5.4 erläutert. Die Bewertung erfolgt dabei mengenmäßig und nicht – wie in der Betriebswirtschaftslehre – in Geldbeträgen.

Diese Unterschiede zeigen, dass einerseits das Ergebnis durchgeführter Bauarbeiten nicht in betriebswirtschaftliche Verfahren zur Erfassung und Weiterbearbeitung der Leistung übernommen werden kann. Andererseits können die betriebswirtschaftlich ermittelten Leistungen nicht in den baubetrieblichen Verfahren weiter bearbeitet werden.

Die Betrachtung von Kostenstelle und Kostenträger: In der Betriebswirtschaftslehre wird eine differenzierte Betrachtung vorgeschlagen, die – wie in Kapitel 2.5.5 beschrieben – unterscheidet zwischen Kostenart, Kostenstelle und Kostenträger. Im Bauwesen wird – wie ebenso in Kapitel 2.5.5 beschrieben – diese differenzierte Betrachtung vereinfacht. Die Produktionsstelle, die Baustelle, auf der das Bauwerk hergestellt, umgebaut oder rückgebaut wird, ist die Kostenstelle. Das Produkt, das Bauwerk, ist der Kostenträger. Damit ist de facto der Kostenträger Bauwerk gleich der Kostenstelle, die einzig zur Durchführung der Arbeiten am Bauwerk eingerichtet wird.

Grundsätzlich lässt sich die vereinfachte Betrachtung der Kostenstelle und des Kostenträgers, wie dies im Bauwesen erfolgt, abbilden auf die Betrachtungen in der Betriebswirtschaft. Andersherum ist dies nicht möglich. Somit können die Verfahren der Betriebswirtschaftslehre, die von einer differenzierten Betrachtung von Kostenstelle und Kostenträger ausgehen, im Bauwesen nicht verwendet werden.

Die genannten Beispiele verdeutlichen, dass das Zusammenspiel der verschiedenartigen Verfahren zur Bearbeitung der anfallenden Aufgaben grundsätzlich mit Problemen behaftet ist. Diese Probleme beginnen damit, dass dieselben Begriffe unterschiedlich definiert und angewendet werden. Die verschiedenartigen Betrachtungen derselben Zusammenhänge können nicht aufeinander abgebildet werden. Dies führt an den Berührungsstellen zu Verlusten, erhöht den Aufwand bei der Bearbeitung und ist fehleranfällig.

3 Bestehende Strukturen und Systeme

3.1 Allgemeines

Für die Bearbeitung der unterschiedlichen Aufgaben eines Unternehmens stehen Softwaresysteme zur Verfügung. Diesen Systemen sind Strukturen zugrunde gelegt, in denen die zur Bearbeitung erforderlichen Daten gespeichert sind. Die Bedeutung dieser Strukturen ergibt sich, wenn sie für eine Zusammenarbeit genutzt werden können. Ein Bearbeiter legt Daten in Strukturen ab, ein anderer Bearbeiter kann – teilweise unabhängig vom jeweils eingesetzten System – die Daten lesen und die Bearbeitung fortsetzen.

Der Einsatz von Strukturen bei einer Zusammenarbeit setzt eine abgestimmte Arbeitsteilung voraus. Auf der Grundlage der Arbeitsteilung ist festzulegen, wer welche Daten wann in welchen Strukturen ablegt und wer wann diese Daten weiter verwendet. In der technischen Bearbeitung von Bauprojekten hat es sich durchgesetzt, die eingesetzten Strukturen in einem Projekthandbuch festzulegen und für die Bearbeitung des Projektes verbindlich vorzuschreiben.

Innerhalb eines Unternehmens spielen die Strukturen eine untergeordnete Rolle, wenn die gewollten Arbeits- und Aufgabenteilungen durch die eingesetzten Systeme unterstützt werden. Bei der Entwicklung betriebswirtschaftlicher Systeme wurde diesem Umstand teilweise dadurch Rechnung getragen, dass die Systeme in gewissem Rahmen anpassbar sind auf die Belange eines Unternehmens.

Im Folgenden werden die Strukturen und die Systeme näher betrachtet, die zur Unterstützung der betriebswirtschaftlichen und baubetrieblichen Aufgaben entwickelt wurden. Der Bezug zu den Strukturen und Systemen zur technischen Bearbeitung wird dabei mit aufgezeigt, insofern wird auch auf die Strukturen und Systeme zur Unterstützung der Bearbeitung technischer Aufgaben kurz eingegangen.

3.2 Strukturen

3.2.1 Kriterien zur Betrachtung

Die vorhandenen Strukturen lassen sich nach verschiedenen Kriterien einteilen. Ein Kriterium ist, ob es sich bei den Strukturen um genormte Strukturen handelt oder nicht. Die genormten Strukturen lassen sich wiederum einteilen in Strukturen, die national, europäisch oder international abgestimmt und festgelegt wurden.

Ein weiteres Kriterium ist, ob die Strukturen durch ein System oder durch mehrere Systeme unterstützt werden. Bei den Strukturen, die durch ein System unterstützt werden, kann weiter unterteilt werden in Strukturen, die ausgerichtet sind auf die Zusammenarbeit in einem Unternehmen, oder in Strukturen, die eine unternehmensübergreifende Zusammenarbeit unterstützen.

Beide Kriterien, die Standardisierung und die Unterstützung durch ein oder durch mehrere Systeme, führen zu unterschiedlichen Einteilungen. Zum einen gibt es Standards, die nicht angenommen wurden, zum anderen gibt es proprietäre Strukturen, die de facto den Stand eines Standards haben.

Darüber hinaus können die vorhandenen Strukturen nach fachlichen Gesichtspunkten eingeteilt werden, d.h. nach den fachlichen Aufgaben, deren Bearbeitung sie unterstützen.

Unabhängig von den Kriterien, nach denen die vorhandenen Strukturen eingeteilt werden können, ergibt sich die Frage, wie der Einsatz der Strukturen bei der Zusammenarbeit auf seine korrekte Verwendung hin überprüft werden kann. Diese Frage ist derzeit nicht umfassend beantwortet. Ebenso sind die rechtlichen Fragen und Probleme beim Einsatz der Strukturen und beim Übertragen von Daten noch nicht abschließend geklärt. Dies ist bei der Zusammenarbeit mehrerer Unternehmen von zentraler und wesentlicher Bedeutung.

Im Folgenden werden die Strukturen entsprechend der Einsatzgebiete, für die sie entwickelt wurden, näher betrachtet.

3.2.2 Betriebswirtschaftliche Daten

Unter dem Begriff „EDI (*Electronic Data Interchange*)" wird in der Wirtschaftsinformatik der „zwischenbetriebliche Austausch von Geschäftsnachrichten, wie z.B. Bestellungen oder Rechnungen, auf der Basis standardisierter Datenformate und Kommunikationsformen" [Mertens 1997, S. 131] verstanden. Das Ziel ist es, den weitestgehend automatisierten Austausch von Informationen zwischen unabhängigen, entfernten betrieblichen Anwendungssystemen zu ermöglichen. Der Begriff EDI schließt in der Wirtschaftsinformatik die verwendeten Kommunikationsprotokolle mit ein, die im vorliegenden Zusammenhang von untergeordneter Bedeutung sind.

Von wesentlicher Bedeutung sind die standardisierten Datenformate. Unter dem Begriff „UN/EDIFACT *United Nation Electronic Data Interchange for Administration, Commerce and Transport*" werden die „Regeln der Vereinten Nationen für den elektronischen Datenaustausch in Verwaltung, Wirtschaft und Transport" [DIN 16557-2, S. 16] zusammengefasst. „Sie umfassen eine Reihe von international vereinbarten Normen, Verzeichnissen und Richtlinien ..." [DIN 16557-2, S. 16]. Die Wirtschaftskommission der Vereinten Nationen für Europa verabschiedet die Regeln. Sie ist eine der fünf regionalen Kommissionen der Vereinten Nationen. Die Vereinten Nationen selbst sprechen Empfehlungen aus.

Die Regeln werden im Handbuch des Handelsaustausches der Vereinten Nationen (UNTDID *United Nation Trade Data Interchange Dictionary*) veröffentlicht. Das Handbuch umfasst:
- Syntax-Regeln auf Anwendungsebene,
- Verzeichnis der Datenelemente,
- Verzeichnis der Codelisten,
- Verzeichnis der Datenelementgruppen,
- Verzeichnis der Segmente,
- Verzeichnis der Nachrichten,
- Richtlinien für die Entwicklung von Nachrichten,
- Richtlinien für die Anwendung der UN/EDIFACT Syntax,
- Einheitliche Durchführungsregeln für den Handelsaustausch via Telekommunikation und
- weiteres erklärendes Material.

Wesentlicher Bestandteil des Datenaustauschs sind Nachrichten, für deren Spezifikation einheitliche Nachrichtentypen entwickelt wurden. „Ein einheitlicher Nachrichtentyp ist eine Zusammenfassung von Informationen, die zu einem bestimmten Geschäftsvorfall zwischen Geschäftspartnern im elektronischen Datenaustausch ausgetauscht werden können" [DIN 16557-3, S. 2].

Die UN/EDIFACT ermöglicht die Spezifikation von Teilmengen (*subset*) zur Verwendung innerhalb eines Gewerbes oder einer Anwendung. Die Teilmengen enthalten nur die Informationen, die den speziellen Anforderungen des Gewerbes oder der Anwendung entsprechen. Sie vereinfachen damit die Implementierung der ansonsten sehr umfangreichen Nachrichten. Die UN/EDIFACT-Norm ist die einzige internationale Branchen übergreifende Norm für den Austausch von Geschäftsnachrichten.

Nationale Standards spielen zunehmend eine untergeordnete Rolle. Ein Beispiel ist die VDA-Schnittstelle, die vom Verband der deutschen Automobilindustrie e.V. (VDA) in Zusammenarbeit zwischen den Automobilherstellern und der Zulieferindustrie entwickelt wurden. Die Nachrichtenempfehlungen zur Datenfernübertragung umfassen die einzelnen Teilprozesse wie Beschaffung, Abruf, Anlieferung, Transport usw. Die VDA-Nachrichtenstandards werden seit 1996 in den UN/EDIFACT-Standard überführt und zu automobilspezifischen EDIFACT-Nachrichtensubsets.

3.2.3 Baubetriebliche Daten

Im Rahmen des EDIFACT-Standards wurden Nachrichtentypen entwickelt, die speziell ausgerichtet sind auf die Belange des Bauwesens in Deutschland. Diese Nachrichtentypen dienen einerseits zur Unterstützung der Informationsflüsse bei der Ausschreibung, Vergabe und Abrechnung von Bauleistungen [DIN/EDIBAU 1995]. Andererseits existiert ein Nachrichtentyp zur Unterstützung des Austauschs von Terminplanungsnachrichten [EDIBAU 1999].

Die Informationsflüsse, die bei der Ausschreibung, Vergabe und Abrechnung (AVA) unterstützt werden, sind in Abbildung 3.1 gezeigt (nach [DIN/EDIBAU 1995, S. 3]). Hierzu wurden drei verschiedene Nachrichtentypen entwickelt, ein Typ zur Angebotsaufforderung, ein Typ zur Angebotsabgabe und ein Typ zur Auftragserteilung. Die Nachrichtentypen basieren auf einer abgestimmten Struktur des Leistungsverzeichnisses (LV), die vom Gemeinsamen Ausschuss Elektronik im Bauwesen (GAEB) entwickelt wurde. „Das LV ist hierarchisch gegliedert. Ein LV kann ein oder mehrere Lose enthalten. Das Los wiederum kann aus einer oder mehreren LV-Gruppen bestehen. Eine LV-Gruppe kann viele andere LV-Gruppen enthalten, sie kann aber auch ihrerseits in einer LV-Gruppe enthalten sein. In GAEB ist die Anzahl

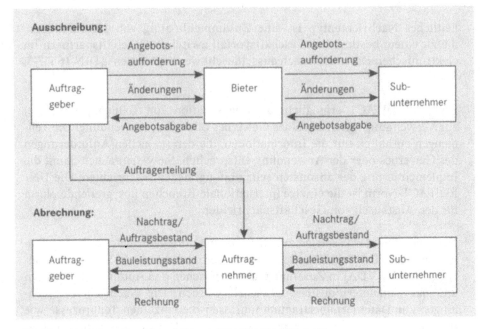

Abbildung 3.1: Informationsflüsse AVA (nach [DIN/EDIBAU 1995, S. 3])

der Hierarchiestufen auf 4 begrenzt. Eine LV-Gruppe auf der letzten Ebene besteht aus mindestens einer Teilleistung" [DIN/EDIBAU 1995, S. 15].

Der Nachrichtentyp zum Austausch von Terminplanungsnachrichten unterstützt die Kommunikation zwischen einem Auftraggeber und einem Auftragnehmer. Der Umfang und die Objekte für den Austausch werden zwischen den Beteiligten vereinbart und sollen im Vorfeld in einem Projekthandbuch geklärt werden. Die Informationen, die ausgetauscht werden, beschreiben im Wesentlichen die zu planenden bzw. auszuführenden Vorgänge: „Die Basis für die Terminplanung bildet der Vorgang. Er ist das zentrale Element und stellt die kleinste, nicht mehr teilbare Einheit für die Beschreibung einer Leistung dar. Er besitzt vier grundlegende Attribute:
– Termine,
– Inhalte,
– Quantitäten und
– ist über eine Logik mit anderen Vorgängen verknüpft" [EDIBAU 1999, S. 4].

Neben den auf der internationalen Norm UN/EDIFACT basierenden baubetrieblichen Strukturen sind Strukturen verfügbar, die auf einer nationalen Abstimmung basieren. Ein Beispiel sind die Verfahrensbeschreibungen für

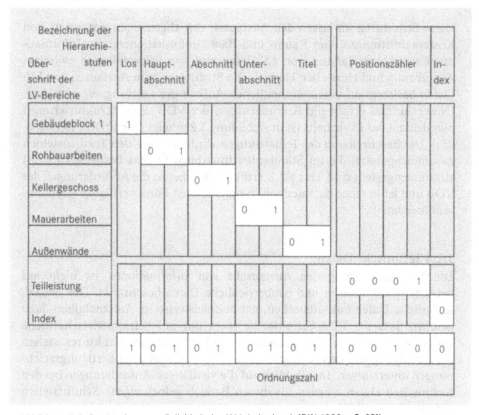

Abbildung 3.2: Strukturierungsmöglichkeit des LV-Inhalts (nach [DIN 1999 a, S. 25])

die elektronische Bauabrechnung, in denen beispielsweise die allgemeine Mengenberechnung [DIN 1999 b] enthalten ist. Aufgabe der Strukturen ist es, den Vorgang der Berechnung nachvollziehbar und übersichtlich zu gestalten. Die entwickelten Strukturen können dabei Ausgangsbasis für die Entwicklung von Softwarewerkzeugen sein. Für die allgemeine Mengenberechnung liegt beispielsweise ein Formelkatalog vor, der auch auf individuelle Anforderungen hin erweiterbar ist. Der Formelkatalog ist Grundlage der Rechenansätze für die im Einzelnen abzurechnenden Positionen. Das Ergebnis ist eine geschlossene Mengenberechnung einer Baumaßnahme, die die Grundlage der Rechnungsstellung sein kann.

Auf nationaler Ebene wurden mit dem GAEB-Datenaustausch 2000 [DIN 1999 a] Strukturen abgestimmt, die als Grundlage für den Austausch von Informationen bei Ausschreibung, Vergabe und Abrechnung von Bauleistungen und somit als Regelungen für Informationen im Bauvertrag dienen.

Diese Strukturen umfassen den Austausch von allgemeinen Katalogen, von Kostenermittlungen, von Raum- und Bauteilinformationen, von Informationen zur Ablaufplanung, von LV-Daten und von Informationen zwischen Ausführung und Hersteller/Handel. Die Strukturen zum Austausch von LV-Daten basieren auf einem einheitlichen Aufbau der Leistungsverzeichnisse. Dieser Aufbau erfüllt die Anforderungen der VOB. Eine Strukturierungsmöglichkeit des LV-Inhalts ist in Abbildung 3.2 gezeigt (nach [DIN 1999 a, S. 25]). Die Beschreibung der Teilleistungen wird dabei aus den Textbausteinen zusammengesetzt, die im Standardleistungsbuch für das Bauwesen (StLB) zusammengestellt sind. Das StLB erfüllt dabei ebenso die Anforderungen der VOB und ist in einer datentechnisch umgesetzten Form verfügbar (DynamischeBauDaten).

3.2.4 Technische Daten

Die Standardisierung des Austauschs von Informationen ist nicht auf betriebswirtschaftliche und baubetriebliche Daten beschränkt. Der Bedarf, technische Daten auszutauschen, hat beispielsweise im Automobilbau dazu geführt, dass die VDA-Schnittstelle nicht nur auf betriebswirtschaftliche Daten beschränkt ist. Sie umfasst ebenso Flächendaten. Strukturen stehen zur Verfügung, die den Austausch von Konstruktions- und Fertigungszeichnungen unterstützen. Im Hinblick auf die vielfältigen Anforderungen bei den technischen Daten wurden für diesen Bereich jedoch eigene Schnittstellen entwickelt.

Auf internationaler Ebene wurde die Entwicklung der ISO 10303 STEP (*Standard for the Exchange of Product Model Data*) gestartet. Wesentliche Elemente von STEP sind die Datenbeschreibungssprache EXPRESS, die Implementierungsformen, die Basisressourcen und die Anwendungsprotokolle. Neben der Standardisierung von Austauschformaten für technische Zeichnungen gibt es Anwendungsprotokolle, die speziell für das Bauwesen entwickelt wurden. Dies sind die Protokolle 225 „Building Elements using Explicit Shape Representation" und 230 „Building Structural Frame: Steelwork".

Neben der Entwicklung von STEP werden von der *International Alliance for Interoperability* (IAI) die *Industry Foundation Classes* (IFC) entwickelt. Ziel dieser Entwicklungen ist die Vereinheitlichung von Strukturen, um Informationen über den gesamten Lebenszyklus von Bauwerken unabhängig vom verwendeten Softwaresystem nutzen zu können. Die IAI selbst betreibt keine Softwareentwicklung. In der IAI werden die Strukturen definiert, beispielsweise zur Beschreibung von Türen, Fenstern oder Wänden. Aufgabe der Softwarehersteller ist die Implementierung von Werkzeugen, die die Strukturen unterstützen.

Neben diesen standardisierten Strukturen werden im Bereich des CAD häufig proprietäre Strukturen (de facto Standards) für die Zusammenarbeit genutzt. In Projekthandbüchern wird fachlich festgelegt, welche Strukturen wie und für welche Arbeiten einzusetzen sind. Die Projektbeteiligten verpflichten sich, die Regelungen einzuhalten.

3.2.5 Beurteilung

Die Entwicklung der vielfältigen Strukturen in den verschiedenen Fachdisziplinen zeigt den Bedarf, Informationen austauschen zu wollen. Der Austausch von Informationen setzt jedoch eine vorher festgelegte Aufgabenteilung voraus. Auf der Grundlage dieser Aufgabenteilung ist festzulegen, wer wann welche Informationen in welchen Strukturen schreibt bzw. liest. Die Festlegungen selbst werden bei der Zusammenarbeit mehrerer Unternehmen gemeinschaftlich getroffen und beispielsweise in Projekthandbüchern dokumentiert.

Ein grundsätzliches Problem beim Austausch von Informationen in abgestimmten Strukturen ist, die Daten in diesen Strukturen auf ihre Korrektheit hin zu überprüfen. Bei einer Überprüfung können – nach gegenwärtigem Stand der Technik – nicht alle Fehler ausgeschlossen werden. Ein weiteres Problem besteht darin, dass rechtliche Fragen und Probleme beim Datenaustausch noch nicht abschließend geklärt sind. Mit der Entwicklung der Strukturen selbst ist somit nur eine Voraussetzung für den Austausch geschaffen.

Die Strukturen betriebswirtschaftlicher und baubetrieblicher Daten sind ausgerichtet auf die Zusammenarbeit von Unternehmen. Insofern betreffen sie nicht in erster Linie Fragen, wie in einem Unternehmen Aufgaben aufeinander abgestimmt durchgeführt werden können und wie hierbei die Verfügbarkeit der Information in den erforderlichen Strukturen sichergestellt werden kann. In Unternehmen selbst müssen hierzu keine abgestimmten Strukturen eingesetzt werden, da in einem Unternehmen die Softwaresysteme vorgegeben werden können. Insofern kann der Informationsfluss in einem Unternehmen durch die Systeme selbst gesteuert werden.

3.3 Systeme

3.3.1 Kriterien zur Betrachtungen

Die verfügbaren Softwaresysteme lassen sich unter verschiedenen Aspekten einteilen und betrachten. Der fachliche Aspekt umfasst die Frage, welche Aufgaben durch das jeweilige System bearbeitet werden können. Informationstechnisch lassen sich die Systeme entsprechend der zugrunde gelegten Architektur, der Verwendung unterstützender Werkzeuge wie Datenbanken oder der erforderlichen Plattform (Hardware und/oder Betriebssystem) einteilen. Darüber hinaus können Kriterien unter dem Aspekt der Einsetzbarkeit in verschiedenen Unternehmen und in verschiedenen Wirtschaftszweigen angesetzt werden.

Die Kriterien, die die Einsetzbarkeit in verschiedenen Unternehmen und in verschiedenen Wirtschaftszweigen betreffen, erlauben eine Einteilung der Systeme in drei Gruppen, in Standardsoftware, in Branchensoftware und in Individualsoftware. Unter Standardsoftware werden Systeme verstanden, die in verschiedenen Wirtschaftszweigen und in verschiedenen Unternehmen eingesetzt werden können. Der Begriff „Standard" ist hierbei im Sinne von „de facto" und nicht im Sinne von „de jure" zu verstehen. Branchensoftware sind Systeme, die auf die speziellen Belange eines Wirtschaftszweiges ausgerichtet sind. Individualsoftware sind Systeme, die speziell zur Bearbeitung einer oder mehrerer Aufgaben entwickelt werden.

Zu den Kriterien, die den Einsatz in verschiedenen Unternehmen und Branchen betreffen, zählt die Frage, ob ein System anpassbar ist. Dies kann die Anpassung auf Arbeitsabläufe ebenso betreffen wie die Abbildung von Zuständigkeiten.

Im Folgenden werden die unterschiedlichen Systeme betrachtet. Die Betrachtungen erfolgen dabei im Hinblick auf fachliche Aspekte, d.h. auf die Aufgaben, die mit den Systemen bearbeitet werden können. Dabei ist von Bedeutung, wie das Zusammenspiel der verschiedenen Aufgaben unterstützt wird. Dies betrifft auch Aspekte der Anpassungsfähigkeit auf entsprechende Arbeitsweisen. Im Gegensatz dazu werden Aspekte der Architektur oder der Plattform nicht weiter behandelt, da sie im vorliegenden Zusammenhang von untergeordneter Bedeutung sind.

3.3.2 Systeme für allgemeine Bürotätigkeiten

Bauunternehmen setzen heute vielfach Standardsoftware für allgemeine Büroaufgaben ein. Auf der Grundlage solcher Bürokommunikationssysteme stehen Funktionalitäten für die Textverarbeitung, für die Bearbeitung von Präsentationen mit Bildern und Graphiken, für die Tabellenkalkulation, für die Planung von Terminen und zur Speicherung und Bearbeitung von Daten in relationalen Datenbanken zur Verfügung.

Diese Funktionalitäten werden einerseits für die allgemeinen Bürotätigkeiten genutzt. Andererseits werden auf der Grundlage dieser Funktionalitäten branchenspezifische Aufgaben gelöst. Beispiele hierfür finden sich im Einsatz von Tabellenkalkulationen, die für Soll-Ist-Vergleiche von Kosten und Terminen bei der Steuerung von Bauvorhaben genutzt werden.

Standardsoftware für allgemeine Bürotätigkeiten verfügt teilweise über Funktionalitäten, mit deren Hilfe die verschiedenen Programme integriert genutzt werden können. Die Integration kann dabei auf zwei Ebenen erfolgen, auf der Ebene der Darstellung und auf der Ebene der Daten.

Auf der Ebene der Darstellungen können Darstellungen unterschiedlicher Programme kombiniert und anschließend als eine Einheit visualisiert und ausgegeben werden. Beispielsweise kann ein Bild, das mit einem Bildverarbeitungsprogramm erstellt wurde, in einen Text, der mit einem Textverarbeitungsprogramm bearbeitet wurde, platziert werden.

Auf der Ebene der Daten können einerseits Daten, die im Format eines Programmes gespeichert wurden, in das Format eines anderen Programmes konvertiert werden. Daneben existieren Möglichkeiten, zur Laufzeit der Programme Daten zwischen den Programmen auszutauschen. Dies kann einerseits dadurch erfolgen, dass die Daten in einem Programm markiert werden und dann in das andere Programm übernommen werden. Andererseits können spezielle Algorithmen genutzt werden.

Die beschriebenen Möglichkeiten der Integration der Programme für allgemeine Büroaufgaben werden heute vielfältig genutzt. Die Nutzung dieser Programme hat die Tätigkeiten in den Büros teilweise verändert. Der Aufgabenbereich hat sich einerseits vergrößert. Beispielsweise werden Präsentationen häufig direkt in Sekretariaten erstellt und nicht mehr von technischen Zeichnern bearbeitet. Andererseits werden weniger Bürodienstleistungen in Anspruch genommen, da viele Standardaufgaben der allgemeinen Bürotätigkeit von Sachbearbeitern gleich miterledigt werden.

Programme für allgemeine Büroaufgaben werden ebenso in technischen Abteilungen eingesetzt. Hierbei geht ihr Einsatz über die klassischen Büroaufgaben hinaus. Beispielsweise werden statische Berichte in Textverarbeitungsprogrammen geschrieben. Dabei werden Skizzen, Tabellen, Berechnungsergebnisse etc. über die beschriebenen Integrationsmöglichkeiten direkt in den jeweiligen Text platziert.

Die Systeme sind dabei jedoch nur eingeschränkt ausgelegt auf die Unterstützung spezieller Abläufe und Zuständigkeiten. Fragen, was welcher Bearbeiter wann und wo ändern darf und muss, sind überwiegend administrativ zu klären. Dabei können teilweise die Zugriffsmechanismen der Betriebssysteme zweckmäßig genutzt werden. Änderungen der Daten können teilweise farbig dargestellt werden. Mechanismen, Versionen zusammenzuführen, sind ebenso teilweise bereits vorhanden. Diese Möglichkeiten erlauben die Unterstützung eines abgestimmten Arbeitens. Sie sind jedoch nur bedingt ausgerichtet auf die Abbildung von Arbeitsabläufen.

3.3.3 Betriebswirtschaftliche Systeme

Unter betriebswirtschaftlichen Systemen werden im folgenden Systeme verstanden, die in ihrer Ausrichtung nicht nur eine sondern die Bearbeitung mehrerer betriebswirtschaftlicher Aufgaben unterstützen. Damit sind beispielsweise reine Buchungssysteme nicht Gegenstand der weiteren Betrachtungen.

Betriebswirtschaftliche Systeme sind in der Regel anpassbar auf die Belange eines speziellen Unternehmens. Dabei werden teilweise Voreinstellungen verwendet, die für den jeweiligen Wirtschaftszweig entwickelt wurden. Die Software selbst fällt somit im Hinblick auf ihre Einsatzmöglichkeiten in den Bereich der Standardsoftware, auf deren Grundlage branchenspezifische Voreinstellungen und teilweise entsprechende Erweiterungen existieren.

Betriebswirtschaftliche Standardsoftware ist in der Regel modular aufgebaut. In einzelnen Modulen stehen Funktionalitäten für unterschiedliche betriebswirtschaftliche Aufgaben bereit. Beispiele sind die Module Finanzwesen, Controlling, Personalwesen, Materialwirtschaft oder Projektsystem. Diese Module sind a priori aufeinander abgestimmt, so dass Informationen, die mit einem Modul erfasst werden, in anderen Modulen verfügbar sind. Die Zusammenhänge zwischen den einzelnen Modulen lassen sich dabei auf die spezifischen Belange eines Unternehmens einstellen. Darüber hinaus existieren branchenspezifische Module. Beispielsweise ist die Berechnung vom Lohn und seiner Zahlungen im Bauwesen sehr unterschiedlich im Vergleich zu anderen Bereichen der Wirtschaft, so dass Module speziell für diese Aufgaben zur Verfügung stehen.

Die Einführung von betriebswirtschaftlicher Standardsoftware in Unternehmen setzt in der Regel voraus, dass einerseits die allgemeinen betriebswirtschaftlichen Verfahren und andererseits die branchenspezifischen Verfahren in Modulen der Standardsoftware verfügbar sind. Vor der Einführung werden zuerst die Abläufe innerhalb der Unternehmung analysiert. Teilweise ist es erforderlich, die Abläufe zu verändern, damit deren Unterstützung durch das jeweilige System möglich wird. Die einzelnen Module werden im Anschluss an die Analysephase entsprechend eingestellt.

Ausgangspunkt der unternehmensspezifischen Anpassungen ist in der Regel der Kontenplan, auf dessen Grundlage das externe Rechnungswesen im Unternehmen betrieben werden soll. Aufbauend auf diesen Kontenplan werden die Informationen festgelegt, die im externen Rechnungswesen zu erfassen sind. Hierzu werden die Aufgaben des externen Rechnungswesens im Einzelnen betrachtet. Damit wird eine Informationsbasis entwickelt, auf die die anderen Bereiche des Unternehmens, beispielsweise das interne Rechnungswesen oder die Projektbearbeitung aufbauen können.

Bei den folgenden unternehmensspezifischen Anpassungen sind weitere Aufgaben zu betrachten. Dabei muss einerseits berücksichtigt werden, welche Informationen bereits erfasst wurden. Andererseits ergibt sich hierbei die Möglichkeit, vorhandene Arbeitsabläufe zu optimieren. Optimierungsmöglichkeiten ergeben sich beispielsweise, wenn Informationen mehrfach erfasst werden oder wenn durch eine andere Reihenfolge in der Bearbeitung der Aufwand reduziert werden kann.

Ein weiterer wesentlicher Aspekt ist die Abbildung von Zuständigkeiten. Die Bearbeitung erfolgt in den Einheiten des Unternehmens durch Mitarbeiter. Die Mitarbeiter benötigen Zugriff auf die für die Bearbeitung ihrer Aufgaben erforderlichen Informationen. Die Verantwortung für die Ausführung der Arbeiten liegt im jeweiligen Bereich. Es gilt, diese Regelungen so im System abzubilden, dass ein geordneter Arbeitsablauf unterstützt wird, Informationen entsprechend den Bedürfnissen geschützt werden und Fehler beim Zugriff auf Informationen weitestgehend im Vorfeld vermieden werden.

Die derzeit verfügbaren Systeme stellen in der Regel die allgemeinen betriebswirtschaftlichen Verfahren zur Verfügung und erfüllen die gesetzlichen Vorschriften. Damit ist in den Systemen ein hoher Grad an Integration realisiert. Dieser Grad an Integration geht dabei teilweise über betriebswirtschaftliche Aufgaben hinaus. Beispielsweise verfügen betriebswirtschaftliche Systeme über Schnittstellen zu Systemen, die für allgemeine Bürotätigkeiten eingesetzt werden. Auf diese Art lassen sich teilweise allgemeine Bürotätigkeiten und betriebswirtschaftliche Aufgaben aufeinander abgestimmt bearbeiten.

Die für das Bauwesen erforderlichen branchenspezifischen Verfahren wie
die Bearbeitung von Leistungsverzeichnissen und die darauf aufbauenden
Verfahren der Kalkulation werden jedoch nur unzureichend in den Systemen
abgebildet. Im Gegensatz dazu werden die speziellen Belange bei den mehr
logistischen Aufgaben berücksichtigt. Dies betrifft beispielsweise die Verwaltung und Bereitstellung von Baumaschinen und -geräten.

Im Zuge der Erschließung neuer Absatzmärkte sind die Hersteller betriebswirtschaftlicher Standardsoftware bemüht, den Anforderungen verschiede-
ner Branchen gerecht zu werden. Derzeit ist jedoch noch kein System vorhanden, das alle betriebswirtschaftlichen und baubetrieblichen Aufgaben eines
Bauunternehmens abdeckt.

3.3.4 Baubetriebliche Systeme

Baubetriebliche Softwaresysteme sind in der Regel Branchensoftware. Sie
wurden speziell für das Bauwesen entwickelt. In ihnen sind die Verfahren
verfügbar, die speziell im Bauwesen ihre Anwendung finden. Hierzu gehören
die Besonderheiten bei der Ausschreibung und Vergabe sowie der Abrechnung von Bauleistungen ebenso wie die Bearbeitung von Leistungsverzeichnissen und die damit verbundenen Verfahren der Kalkulation.

Die Systeme zur Ausschreibung, Vergabe und Abrechnung (AVA), werden
im Folgenden nicht weiter betrachtet. Diese Systeme sind ausgerichtet auf
die Aufgaben eines Auftraggebers, der die Ausführung von Bauleistungen
ausschreibt, vergibt und abrechnet. Sie spielen für den Ausführenden nur
insofern eine Rolle, dass Informationen aus diesen Systemen teilweise digital
zur Verfügung gestellt werden. Die Systeme verfügen dabei teilweise über
Module, mit denen Ausschreibungstexte zusammengestellt werden können.
Diese Ausschreibungstexte erfüllen die Erfordernisse der VOB. Über entsprechende Austauschformate können die Informationen in die Systeme des
Ausführenden übernommen und dort weiterverarbeitet werden. Dies betrifft
nicht nur Ausschreibungstexte. Mengenangaben können ebenso übernommen und weiter verarbeitet werden.

Derzeit existieren am Markt Neuentwicklungen, die die baubetrieblichen
Aufgaben in einem ausführenden Unternehmen unterstützen. Eine dieser
Neuentwicklungen basiert auf Vorgaben, die mehrere deutsche Unternehmen
der Bauwirtschaft gemeinsam erarbeitet haben. Die baubetrieblichen Systeme
basieren in ihrem Kern auf den Verfahren zur Bearbeitung von Leistungsverzeichnissen. Die Bearbeitung umfasst dabei die Kostenschätzung sowie das
Aufstellen und Weiterbearbeiten der Angebotskalkulation, der Vertragskalkulation, der Arbeitskalkulation und der Nachkalkulation.

Durch den Einsatz der baubetrieblichen Systeme stehen ebenso die Verfahren zur Steuerung von Bauprojekten zur Verfügung. Diese Verfahren basieren überwiegend auf der Arbeitskalkulation. Sie umfassen auch die Aufgaben im Zusammenhang mit dem Einsatz und der Steuerung von Nachunternehmern. Insofern stehen in diesen Systemen auch Verfahren zur Verfügung, auf deren Grundlage Bauleistungen ausgeschrieben, an Nachunternehmer vergeben und im Anschluss an die Ausführung abgerechnet werden können. Diese Verfahren sind abgestimmt auf die Verfahren zur Steuerung der Bauleistungen, die durch das jeweilige Unternehmen selbst ausgeführt werden.

Die baubetrieblichen Systeme sind in der Regel eigenständig. Eine Abstimmung mit den betriebswirtschaftlichen Systemen erfolgt über die Verwendung gleicher Kostenartenschlüssel. Dies betrifft die Planung der Kosten im baubetrieblichen System und die Erfassung der Belege in der Buchhaltung, die durch das betriebswirtschaftliche System unterstützt wird. Dementsprechend können die Vorgaben durch die Planung im Verlauf eines Bauprojektes mit den gebuchten Beträgen verglichen werden. Diese Vergleiche können zeitnah und in einem erforderlichen Grad an Detaillierung angefertigt werden. Sie dienen der Beurteilung eines Projektes.

Der Grad an Detaillierung, der bei der Betrachtung der Kosten zugrunde gelegt wird, ist jedoch nicht identisch mit dem Grad an Detaillierung, der der Betrachtung der Leistung zugrunde gelegt wird. In der Regel findet in den Kontenplänen, die in den betriebswirtschaftlichen Systemen spezifiziert werden, keine Detaillierung der Bauleistungen statt. Dementsprechend werden Bauleistungen nur in den baubetrieblichen Systemen differenziert betrachtet. Vergleiche zwischen der Erfassung der Bauleistungen in den betriebswirtschaftlichen Systemen und in den baubetrieblichen Systemen reduzieren sich somit überwiegend auf den Vergleich zweier Zahlen pro Projekt. Auch andere denkbare Möglichkeiten, betriebswirtschaftliche und baubetriebliche Systeme aufeinander abzustimmen, beispielsweise bei der detaillierten Betrachtung von Nachunternehmern und Lieferanten, sind in den verfügbaren Systeme nicht vorgesehen.

3.3.5 Systeme für betriebswirtschaftliche und baubetriebliche Aufgaben

Neben Systemen, die ausgerichtet sind auf die Bearbeitung betriebswirtschaftlicher oder baubetrieblicher Aufgaben, wurden Systeme entwickelt, die eine integrierte Bearbeitung von Aufgaben aus beiden Bereichen unterstützen. Ziel dieser Systeme ist es, die unterschiedlichen Aufgaben aufeinander abgestimmt bearbeiten zu können, so dass keine Brüche in der Bearbeitung entstehen und Informationen ohne Verluste übernommen und ohne zusätzlichen Aufwand weiter verarbeitet werden können.

Die Systeme verfügen jedoch über einen begrenzten Funktionsumfang. Es wird jeweils nur eine Auswahl an baubetrieblichen und betriebswirtschaftlichen Verfahren angeboten, der Grad an Detaillierung, in dem Informationen bearbeitet werden können, wird vorgegeben und kann nur bedingt an die Belange des jeweiligen Unternehmens angepasst werden.

Diese Einschränkungen sind eine Folge davon, dass zur Abstimmung der verschiedenartigen Aufgaben Annahmen getroffen werden mussten. Diese Annahme ermöglichen zwar in ihrem jeweiligen Rahmen eine abgestimmte Bearbeitung, sie führen jedoch zu Einschränkungen.

Diese Einschränkungen betreffen einerseits die Funktionalitäten. Wird beispielsweise zur Abstimmung der baubetrieblichen und der betriebswirtschaftlichen Kostenrechnung der pagatorische Kostenbegriff zugrunde gelegt, so kann ein Teil der betriebswirtschaftlichen Verfahren, die den wertmäßigen Kostenbegriff voraussetzen, nicht ausgeführt werden. Sie stehen dementsprechend nicht als Funktionalitäten zur Verfügung und lassen sich auch nachträglich nicht hinzufügen.

Andererseits betreffen diese Einschränkungen den Grad an Detaillierung, in dem die Informationen bearbeitet werden können. Wenn zur Abstimmung der Bearbeitung beispielsweise festgelegt wurde, wie detailliert Kosten betrachtet werden, so kann nachträglich keine detailliertere Betrachtung mehr erfolgen.

Entsprechend der getroffenen Annahmen werden von den verschiedenen Systemen unterschiedliche Funktionalitäten zur Bearbeitung von Informationen in unterschiedlichen Detaillierungsgraden zur Verfügung gestellt. Die Funktionalitäten können nur im Rahmen der getroffenen Annahmen erweitert und ergänzt werden. Nachträgliche Anpassungen im Grad an Detaillierung sind in der Regel nur bedingt möglich. Es handelt sich bei diesen Systemen somit nicht um allgemein gültige Lösungen.

Die Akzeptanz dieser Systeme richtet sich danach, ob ein Unternehmen mit den im System verfügbaren Funktionsumfang die Arbeiten durchführen kann oder möchte bzw. ob die getroffenen Annahmen im Unternehmen selbst ebenso zutreffen. Bei mittelständischen und kleineren Unternehmen treffen diese Annahmen, die je nach System unterschiedlich sein können, teilweise zu. Größere Unternehmen können sich häufig nicht mit diesen Annahmen arrangieren und benötigen in der Regel einen größeren Funktionsumfang sowie eine umfassende Anzahl an Detaillierungsstufen, in denen die Informationen zu bearbeiten und darzustellen sind.

3.3.6 Technische Systeme

Neben den baubetrieblichen Softwaresystemen handelt es sich bei den im Bauwesen eingesetzten technischen Softwaresystemen ebenso überwiegend um Branchensoftware. Die technischen Softwaresysteme umfassen die Bearbeitung der technischen Aufgaben bei Bauvorhaben wie die Berechnung, Bemessung und Konstruktion sowie die für die Koordination dieser Aufgaben erforderlichen Funktionalitäten. In den verfügbaren technischen Softwaresystemen stehen Funktionalitäten zur Verfügung, mit denen die technischen Aufgaben in allen Projektphasen bearbeitet werden können.

Die technischen Softwaresysteme verfügen teilweise über einen hohen Grad an Integration. Sie basieren hierzu auf Modellen, in denen die Daten des Bauwerks in einem von der spezifischen Aufgabe unabhängigen Format gespeichert sind. Diese Modelle können von unterschiedlichen Bearbeitern mit unterschiedlichen Funktionalitäten genutzt werden, Modelle und Teilmodelle können zwischen Bearbeitern ausgetauscht werden.

Bei den technischen Softwaresystemen werden neben Branchensoftware auch Systeme eingesetzt, die auf Standardsoftware basieren. Diese Systeme lassen sich überwiegend in der Bearbeitung geometrischer Informationen finden. Die Standardsoftware stellt dabei allgemeine Funktionalitäten zur Bearbeitung geometrischer Daten zur Verfügung. Bauspezifische Erweiterungen stellen darauf aufbauend Funktionen zur Verfügung, um beispielsweise normgerechte Bauzeichnungen erstellen zu können und ergeben so die im Bauwesen eingesetzten CAD-Systeme.

Für die Bearbeitung von Bauprojekten ist die Verbindung zwischen der technischen Bearbeitung und der baubetrieblichen Bearbeitung von wesentlicher Bedeutung. In der technischen Bearbeitung wird festgelegt, woraus ein Bauwerk besteht oder bestehen soll und wie das Bauwerk in Zwischenstadien der Herstellung (Bauzustand) und im Endzustand auszusehen hat. Damit werden Mengen festgelegt, deren Einbau und ggf. Ausbau bei der Bearbeitung baubetrieblicher Aufgaben zu planen und zu bepreisen ist. Teilweise wird der Bauablauf ebenso schon bei der technischen Bearbeitung festgelegt. Die Übernahme und Weiterverarbeitung von Informationen ist jedoch nur eingeschränkt möglich.

Ein wesentlicher Grund hierfür ist, dass die Informationen in ihren Strukturen nicht oder nur unzureichend aufeinander abgestimmt sind. Ein weiterer Grund liegt im Prozess der Bearbeitung. Technische Unterlagen werden überwiegend in Plänen zur Verfügung gestellt. Ein Plan kann durch das Zeichnen von Strichen oder durch die Verwendung von Objekten wie Wand, Stütze,

Unterzug oder Platte hergestellt werden. Im Ausdruck sieht man keinen Unterschied. Eine Mengenermittlung kann jedoch nur automatisiert erfolgen, wenn Objekte vorhanden sind, die ausgewertet werden können. Der Aufwand beim Herstellen eines Plans ist jedoch nach gegenwärtigem Stand der Technik größer, wenn Objekte verwendet werden. Darüber hinaus muss die Person, die den Plan herstellt, um das nötige Wissen verfügen. Der Nutzen ergibt sich jedoch erst bei der Auswertung. Die Auswertung wird jedoch in der Regel von einer anderen Person gemacht. Es ist derzeit in den zugrunde liegenden Verträgen nur unzureichend geklärt, ob und wie der Mehraufwand vergütet werden kann und soll. Ebenso ist derzeit unzureichend geklärt, wie entsprechende Pläne, die den Erfordernissen einer Weiterverarbeitung genügen, qualitativ überprüft werden können.

3.3.7 Beurteilung

Die Betrachtung der verschiedenen verfügbaren Softwaresysteme zeigt, dass die Funktionalitäten für die Bearbeitung der verschiedenen betriebswirtschaftlichen, baubetrieblichen und technischen Aufgaben verfügbar sind. Dabei existieren bereits Lösungen, mit denen verschiedenartige Aufgaben aufeinander abgestimmt bearbeitet werden können. Diese Lösungen haben jedoch entweder überwiegend nur einen der drei Bereiche Betriebswirtschaft, Baubetrieb oder Technik aufgegriffen, oder sie basieren auf Annahmen, die nicht auf jedes Unternehmen zutreffen. Dies hat zur Folge, dass in den Bauunternehmen überwiegend verschiedene Systeme für die verschiedenen Arbeiten eingesetzt werden. Diese Systeme sind nicht aufeinander abgestimmt, so dass Informationen mehrfach erfasst und redundant gespeichert werden. Die Bearbeitung ist daher an den Berührungspunkten aufwendig und fehleranfällig

Teil II
Entwicklung einer
einheitlichen Struktur

4 Informationsmodelle

4.1 Allgemeines

Ziel der im Folgenden vorgestellten Informationsmodelle ist es, eine einheitliche Grundlage für die betriebswirtschaftlichen und baubetrieblichen Aufgaben eines Bauunternehmens zu entwickeln. Die Aufgaben selbst wie das Dokumentieren der Geschäftsvorfälle, das Erstellen des Jahresabschlusses, das Durchführen der Kosten- und Betriebsrechnung oder das Kalkulieren und Abrechnen von Bauleistungen werden in diesem Kapitel nicht betrachtet. Ebenso sind die Verfahren, die einerseits in der Betriebswirtschaftslehre und andererseits im Baubetrieb entwickelt wurden, nicht Gegenstand der Betrachtungen im vorliegenden Kapitel. In diesem Kapitel gilt es vielmehr, die Grundlagen dieser Verfahren so aufeinander abzustimmen, dass ein weitestgehend redundanzfreies Arbeiten und die daraus resultierende Nutzung vorhandener Daten möglich wird. Die Betrachtungen, wie die Informationsmodelle bei der Bearbeitung der Aufgaben in einem Bauunternehmen genutzt werden, sind Gegenstand von Kapitel 5.

Bei den im Folgenden vorgestellten Informationsmodellen werden teilweise neue Begriffe eingeführt und definiert. Dies ist erforderlich, da – wie in Kapitel 2 erläutert – Begriffe in den beteiligten Disziplinen unterschiedlich definiert wurden.

Die betriebswirtschaftlichen und baubetrieblichen Informationsmodelle werden nicht in allen Einzelheiten beschrieben. Ziel der Beschreibung ist es, eine einheitliche Grundlage für verschiedenartige Aufgaben vorzustellen. Insofern werden Informationen, die im Wesentlichen nur zur Bearbeitung einer einzelnen Aufgabe benötigt werden, nicht weitergehend behandelt.

Die vorgestellten Modelle werden nach den Regeln der Mengenlehre beschrieben. Dies ermöglicht es, auf der Grundlage der formalen Beschreibung die Eigenschaften der Modelle ebenso formal zu benennen. Die hierfür erforderlichen mathematischen Grundlagen sind beispielsweise in [Pahl/Damrath 2000] zusammengestellt.

Die formale Beschreibung der Modelle wird bewusst gewählt, weil sie einerseits eine formale Benennung der Eigenschaften der Modelle ermöglicht. Andererseits ist sie unabhängig von einer Umsetzung in den Rechner. Diese Unabhängigkeit gestattet es, die Wahl möglicher Werkzeuge zur Umsetzung im Anschluss an die Beschreibung der Modelle zu treffen. Damit sind die Modelle auch dann verwendbar, wenn neue Werkzeuge zur Umsetzung entwickelt werden.

Unabhängig von den Werkzeugen zur Umsetzung gibt es grundsätzliche Eigenschaften des Rechners, die bei jeder Umsetzung zu berücksichtigen sind. Diese Eigenschaften erfordern es, grundlegende Begriffe aus der Informatik einzuführen.

Datentyp und Datum: Ein Datentyp ist „die Zusammenfassung von Wertebereichen und Operationen zu einer Einheit" [Duden Informatik 1993, S. 173]. Ein Datum ist ein „unteilbares Element des Wertebereiches eines Datentyps" [Duden Informatik 1993, S. 188].

In den vorgestellten Modellen werden drei grundlegende Datentypen verwendet, die ganzen Zahlen, die rationalen Zahlen und die Zeichenketten. Der Wertebereich der ganzen Zahlen ist dabei eingeschränkt auf die im Rechner darstellbaren ganzen Zahlen. Maßgebend hierfür ist, wie viele Bytes zur Speicherung der ganzen Zahlen zur Verfügung stehen. Der Wertebereich der im Rechner darstellbaren ganzen Zahlen ist eine Menge und wird mit Z bezeichnet. Z ist eine Teilmenge der ganzen Zahlen. Analog ist die Menge Q der im Rechner darstellbaren rationalen Zahlen eine Teilmenge der rationalen Zahlen und abhängig vom zur Verfügung stehenden Speicher und dem gewählten Format. Eine im Rechner darstellbare Zeichenkette ist ein Element einer n-stelligen Relation in der Menge der darstellbaren Zeichen C. Der Wertebereich der Zeichenketten ist eine Menge und wird mit K bezeichnet.

Information: Eine Information bezeichnet allgemein den „abstrakten Gehalt (...) einer Aussage, Beschreibung, Anweisung, Nachricht oder Mitteilung" [Broy 1992, S. 3]. In den vorliegenden Modellen besteht eine Information aus einem oder mehreren Daten und der zu jedem Datum zugehörenden Bedeutung.

Die Informationen werden strukturiert. Hierbei wird festgelegt, wie die Informationen zu größeren Einheiten zusammengefasst werden.

Menge von Informationen: Informationen werden als Elemente in Mengen eingetragen. Die Mengen selbst sind Mengen mit Elementen gleichen Typs, wobei der Typ die Anzahl der Daten, ihren Wertebereich und ihre Bedeutung beschreibt, Relationen oder Mengensysteme.

Informationsmodell: Die Zusammenfassung von Mengen von Informationen zu einer größeren Einheit wird als Informationsmodell bezeichnet. Die Bildung der Informationsmodelle erfolgt nach fachlichen Kriterien.

4.2 Aufbau

Die Informationsmodelle eines Bauunternehmens lassen sich unterscheiden in Modelle, deren Daten sich mit der Zeit nur geringfügig ändern und somit einen überwiegend statischen Charakter haben, und in Modelle, deren Daten ständigen Änderungen unterworfen sind und somit einen dynamischen Charakter haben.

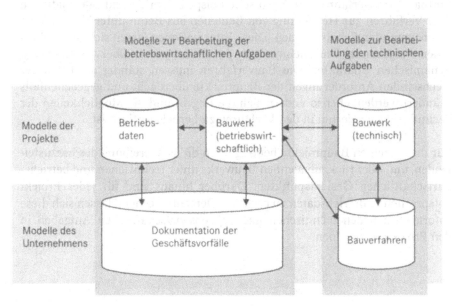

Abbildung 4.1: Informationsmodelle mit dynamischem Charakter

Die sich im Verlauf der Zeit nur geringfügig ändernden Modelle haben die Aufgabe, die von den aktuellen Geschäftstätigkeiten des Unternehmens und der Bearbeitung der Bauprojekte unabhängigen Informationen zur Verfügung zu stellen. Sie werden als Stammdaten bezeichnet. Die Stammdaten umfassen die Informationen über die Ressourcen des Unternehmens, die Bautätigkeiten, deren Ausführung das Unternehmen anbietet, und die Partner, mit denen das Unternehmen Geschäfte tätigt.

Die Modelle, die sich beim Betrieb eines Bauunternehmens ständig ändern, sind in Abbildung 4.1 gezeigt. Sie lassen sich einerseits aufteilen in projektübergreifende Modelle des Unternehmens und in Modelle zur Projektbearbeitung. Andererseits können die Modelle aufgeteilt werden in Modelle zur Bearbeitung betriebswirtschaftlicher Aufgaben und in Modelle zur Bearbeitung technischer Aufgaben. Voraussetzung für die zweite Unterteilung ist die Aufteilung der baubetrieblichen Aufgaben in einerseits überwiegend betriebswirtschaftliche und andererseits überwiegend technische Aufgaben.

Im Unternehmen müssen, unabhängig von den jeweils auszuführenden Bauvorhaben, die Geschäftsvorfälle eines jeden Geschäftsjahrs in Belegen erfasst und gebucht werden. Die Dokumentation der Geschäftsvorfälle ist den betriebswirtschaftlichen Aufgaben im Unternehmen zuzuordnen. Darüber hinaus müssen im Unternehmen Informationen zu den technisch durchführbaren Bauverfahren verfügbar sein. Beispiele hierfür sind Informationen über Verfahren zur Herstellung von Bauteilen aus Beton unter Verwendung von bestimmten Schalsystemen. Diese Informationen lassen sich den technischen Aufgaben im Unternehmen zuordnen. Sie besitzen überwiegend einen dynamischen Charakter. Die Bauverfahren müssen ständig als Folge der wechselnden Anforderungen der Bauprojekte überdacht und gegebenenfalls geändert werden, ebenso ändern sich die Regeln und die Möglichkeiten der Technik, was wiederum in den Verfahren zu berücksichtigen ist.

Für die einzelnen Bauprojekte benötigt man die Beschreibung des herzustellenden, um- oder rückzubauenden Bauwerks unter technischen und betriebswirtschaftlichen Gesichtspunkten. Darüber hinaus sind für jedes Projekt entsprechende Betriebsdaten zu erfassen. Dementsprechend lassen sich diese Informationen den technischen und betriebswirtschaftlichen Aufgaben in den Projekten zuordnen.

4.3 Vorgehen

Die Informationsmodelle, die Stammdaten, die Modelle des Unternehmens und die Modelle der Projekte werden im Folgenden beschrieben. Hierzu werden die einzelnen Mengen eingeführt, aus denen die Modelle bestehen. Die Mengen, aus denen die Stammdaten bestehen, werden mit einem tiefer gestellten „S" gekennzeichnet. Die Mengen, die zu den Modellen des Unternehmens zusammengefasst werden, werden mit einem tiefer gestellten „U" gekennzeichnet. Bei den Modellen der Projekte wird unterschieden zwischen den Mengen zur Beschreibung des Bauwerks und weiteren Mengen des Projektes. Die Mengen zur Beschreibung des Bauwerks werden durch ein tiefer gestelltes „B" gekennzeichnet, die übrigen Mengen, die zu den Modellen der Projekte gehören, erhalten ein tiefer gestelltes „P".

Die Mengen selbst bestehen einerseits aus Elementen, die im Folgenden eingeführt werden. Andererseits sind die Mengen Relationen zwischen bereits eingeführten und beschriebenen Mengen. In den Mengen selbst werden jedoch nur Informationen modelliert, die bei der Bearbeitung mehrerer Aufgaben benötigt werden. Informationen, die überwiegend einer Aufgabe zugeordnet werden können, werden nicht modelliert.

Die vorgestellten Modelle umfassen daher nicht alle Informationen, die für den Betrieb eines Bauunternehmens erforderlich sind. Sie können jedoch erweitert werden um die Informationen, die zur Bearbeitung einer einzelnen Aufgabe benötigt werden. Hierzu sind die Informationen, die zur Bearbeitung einer einzelnen Aufgabe erforderlich sind, in eine Menge einzutragen. Relationen sind zu spezifizieren, die den Zusammenhang zwischen dieser Menge und den im Folgenden vorgestellten Mengen beschreiben.

Dieses Vorgehen ermöglicht es, die für die Bearbeitung einer einzelnen Aufgabe erforderlichen zusätzlichen Informationen durch die Spezifikation einer neuen Menge und mindestens einer Relation zwischen dieser neuen Menge und einer der im Folgenden beschriebenen Mengen anzufügen. Da diese zusätzlichen Informationen ausschließlich die Bearbeitung einer einzelnen Aufgabe unterstützen, müssen sie beim Zusammenspiel der verschiedenen Aufgaben nicht betrachtet und nicht berücksichtigt werden.

4.4 Stammdaten

4.4.1 Ressourcen

Die Ressourcen eines Unternehmens ergeben sich einerseits aus den im Unternehmen beschäftigten Mitarbeitern. Andererseits sind dies die Geräte und Maschinen, die im Unternehmen zur Verfügung stehen.

Informationen über einen Mitarbeiter: Die Informationen über einen Mitarbeiter werden eingeführt als:

$$ma \in \{(i, b_N)| \ i \in Z, b_N \in K\}$$

i ist ein Identifikator und b_N ist der Name des Mitarbeiters. Bei den Informationen über die Mitarbeiter ist zu berücksichtigen, dass der Name zur Identifikation nicht ausreicht. Daher ist der Identifikator, beispielsweise eine Personalnummer, erforderlich.

Es gibt eine große Zahl von Informationen, die in einem Unternehmen über jeden Mitarbeiter verfügbar sein müssen. Hierzu zählen beispielsweise Informationen über den Wohnort, das Geburtsdatum, den Einstellungstermin, die Bankverbindung, die Krankenkasse usw. Diese Informationen lassen sich jedoch überwiegend den einzelnen Aufgaben der Personalverwaltung zuordnen. Beispielsweise kann die Bankverbindung der Überweisung von Lohn- oder Gehaltszahlungen zugeordnet werden. Diese überwiegend für eine Aufgabe verwendeten Informationen werden in der vorliegenden Beschreibung nicht erfasst. Für die Bearbeitung der Aufgaben der Personalverwaltung müssten sie in eine Menge eingetragen werden. Eine Relation müsste aufgebaut werden, die den Zusammenhang zu der im Folgenden beschriebenen Menge von Informationen über Mitarbeiter herstellt. Das grundsätzliche Vorgehen der Erweiterung wurde bereits in Abschnitt 4.3 beschrieben.

Menge von Informationen über Mitarbeiter: Die Menge von Informationen über die Mitarbeiter muss im Unternehmen aufgebaut werden. Durch die Einführung des Identifikators ist sichergestellt, dass die Informationen über die einzelnen Mitarbeiter auch bei Gleichheit des Namens unterscheidbar sind.

In Abbildung 4.2 ist eine Menge von Informationen über Mitarbeiter beispielhaft gezeigt. Die Menge selbst gibt nur Auskunft über die Existenz der Mitarbeiter im Unternehmen.

$MA_S = \{$ (1, „Meier "),

(2, „Schmidt"),

(3, „Müller"),

(4, „Meier "), $\}$

Abbildung 4.2:
Menge von Informationen über Mitarbeiter

Maschinen und Geräte: Die Beschreibung der Informationen über eine Maschine oder ein Gerät wird eingeführt als:

$$mg \in \{(i,b_N)\,|\; i \in Z, b_N \in K\}$$

i ist ein Identifikator und b_N ist der Name oder die Bezeichnung der Maschine oder des Gerätes. Die Bezeichnung kann analog zur Bezeichnung der Maschinen und Geräte nach der Baugeräteliste (BGL) erfolgen.

Neben den eingeführten Informationen sind eine große Zahl weiterer Informationen über jede Maschine und jedes Gerät innerhalb eines Unternehmens erforderlich. Diese Informationen wie Anschaffungspreis, Anschaffungsdatum, monatlicher Satz für Abschreibung und Verzinsung, Nutzungsjahre, Versicherungsprämie, Wartungsintervall usw. lassen sich jedoch überwiegend einzelnen Aufgaben zuordnen. Sie werden daher in der vorliegenden Beschreibung nicht erfasst und müssen zur Unterstützung der einzelnen Aufgaben, wie in Abschnitt 4.3 erläutert, angefügt werden.

Menge von Informationen über Maschinen und Geräte: Eine Menge von Informationen über Maschinen und Geräte wird erzeugt, indem die einzelnen Elemente spezifiziert und in die Menge eingetragen werden. Eine gegebene Menge von Informationen über Maschinen und Geräte kann klassifiziert werden entsprechend der Bezeichnungen der Maschinen und Geräte. Diese Klassifikation ermöglicht es, Aussagen über die vorhandenen Kapazitäten zu

$MG_S = \{$ (1, „Vibratorstampfer, Dieselmotor mit Fahrvorrichtung"),

(2, „Hydraulikbagger auf Raupenfahrwerk, 15 kW, Tieflöffel 0.1"),

(3, „Hydraulikbagger auf Raupenfahrwerk, 25 kW, Tieflöffel 0.25"),

(4, „Hydraulikbagger auf Raupenfahrwerk, 25 kW, Tieflöffel 0.25"),

(5, „Tafelschalung, Normtafel 90/90 ST") $\}$

Abbildung 4.3: Menge von Informationen über Maschinen und Geräte

treffen, die im Hinblick auf die Beschaffung neuer oder den Verkauf vorhandener Maschinen und Geräte wesentlich sind.

In Abbildung 4.3 ist eine Menge von Informationen über Maschinen und Geräte beispielhaft gezeigt. Die Bezeichnungen sind analog zu den Bezeichnungen der BGL gewählt. Wenn die Regeln genutzt werden, auf deren Grundlage die Bezeichnungen der Maschinen und Geräte in der BGL gebildet werden, können Aussagen über die vorhandenen Kapazitäten sehr detailliert getroffen werden. Im vorliegenden Beispiel können die Hydraulikbagger zusammengefasst und entsprechend der Motorleistung und des Inhalts des Tieflöffels klassifiziert werden.

4.4.2 Bautätigkeiten

Der Begriff „Bautätigkeit" wird in der vorliegenden Beschreibung eingeführt für Tätigkeiten, die zur Herstellung, Instandhaltung, Änderung oder Beseitigung einer baulichen Anlage vom Unternehmen am Markt angeboten werden und ausgeführt werden können. Dabei wird bewusst nicht der Begriff „Bauleistung" verwendet. Der Begriff „Bauleistung" ist zwar in der VOB ähnlich definiert worden. In der VOB ist jedoch nicht festgelegt, wie die Bauleistung zu beschreiben ist. Es ist vielmehr festgelegt, welchen Zweck die Beschreibung der Bauleistung zu erfüllen hat – nämlich das einheitliche und eindeutige Verständnis.

Die Bautätigkeit wird eingeführt als Element einer Relation zwischen der Menge von Tätigkeiten, dem Mengensystem von Mengen von Materialien und Einbauteilen und der Menge von Bauteilsystemen. Zum Verständnis der Beschreibung der Bautätigkeit werden erst die Tätigkeiten, die Materialien und Einbauteile sowie die Bauteilsysteme eingeführt.

Bei den Materialien und Einbauteilen, die zur Beschreibung der Bautätigkeit verwendet werden, werden nicht nur die Materialien und Einbauteile erfasst, die im Bauwerk verbleiben. Ebenso werden Materialien und Einbauteile erfasst, die im Zuge eines Bauvorhabens ausgebaut werden. Dies sind – bei der Herstellung von Bauwerken – in erster Linie Böden, die ausgehoben und eventuell abgefahren werden. Darüber hinaus können dies Schalsysteme oder Systemschalungen sein, wenn sie als verlorene Schalung im Bauwerk verbleiben. Im Allgemeinen werden die Schalsysteme oder Systemschalungen jedoch bei den Maschinen und Geräten erfasst.

Die vorgestellte Beschreibung der Bautätigkeit schließt die Herstellung von Baustoffen auf der Baustelle wie beispielsweise das Mischen von Mörtel oder

Beton nicht mit ein. Bei der Herstellung von Baustoffen kann keine direkte Zuordnung zu Systemen von Bauteilen erfolgen. Dementsprechend müsste für derartige Tätigkeiten eine eigene Beschreibung entwickelt werden. In den vorliegenden Informationsmodellen werden jedoch ausschließlich Bautätigkeiten erfasst.

Die Einführung der Bauteilsysteme führt in der vorliegenden Beschreibung nicht dazu, dass die Bautätigkeit nur für die Aufgaben des Hochbaus genutzt werden können. Der Tiefbau nimmt zwar eine Sonderstellung ein, da viele Aufgaben im Tiefbau den Baugrund betreffen und dementsprechend nicht den aus dem Hochbau üblicherweise bekannten Bauteilen und den daraus zusammengesetzten Systemen zugeordnet werden können. Dies betrifft in erster Linie Aufgaben wie das Abtragen vorhandener Bodenschichten. Wenn das Abtragen des Bodens so zu erfolgen hat, dass anschließend Bauteilsysteme wie Pfahlgründungen, Fundamente oder Bodenplatten zu errichten sind, so kann eine Zuordnung der Tätigkeit zu den im Hochbau üblichen Bauteilen und Bauteilsystemen erfolgen. Andernfalls muss der Boden selbst als Bauteilsystem aufgefasst werden. Dies mag auf den ersten Blick ungewöhnlich erscheinen, da der Boden nicht im Zuge einer Baumaßnahme hergestellt wird. Es handelt sich dementsprechend um ein natürlich gewachsenes Bauteilsystem.

Tätigkeit: Eine Tätigkeit wird durch einen Namen oder Bezeichner beschrieben und eingeführt als:

$$tk \in \{(b_N)| \, b_N \in K\}$$

Was als Tätigkeit einzuführen ist, wird durch das jeweilige Unternehmen festgelegt. Beispiele für Tätigkeiten sind „Betonieren" oder „Mauern", „Planieren" oder „Baggern". In der vorliegenden Beschreibung der Modelle wird bewusst nicht der Begriff „Arbeit" verwendet, da der Begriff „Arbeit" in der Physik definiert wurde.

Die durch ihren Namen oder ihre Bezeichnung eingeführte Tätigkeit unterscheidet sich von den im Bauwesen verwendeten Bauarbeitsschlüsseln für das Bauhauptgewerbe (BAS). Die BAS kennzeichnen zwar nach einem zugrunde gelegten Nummernsystem Tätigkeiten, deren Ausführungen zur Herstellung, Instandhaltung, Änderung oder Beseitigung von baulichen Anlagen erforderlich sind, sie kennzeichnen aber nicht ausschließlich Tätigkeiten. In den Beschreibungen sind teilweise weitere Informationen wie Bauteiltypen enthalten, beispielsweise „Einschalen Fundament" oder „Vormontage Wandschalung". Damit gehen die BAS teilweise über eine reine Bezeichnung von

Tätigkeiten hinaus. Für derartige zusätzliche Beschreibungen wird in den vorliegenden Informationsmodellen die Bautätigkeit eingeführt. Daher wird bei der Beschreibung der Tätigkeiten davon ausgegangen, dass ausschließlich Tätigkeiten wie „Einschalen", „Montieren" oder „Betonieren" ohne weitere Zusätze spezifiziert werden.

Menge von Tätigkeiten: Zur Identifikation der Elemente einer Menge von Tätigkeiten wird der Bezeichner selbst verwendet. Darüber hinaus kann es zweckmäßig sein, eine Kennzeichnung der Tätigkeiten beispielsweise durch Ziffern einzuführen, wie dies auch bei den BAS erfolgt ist. Diese Kennzeichnung kann wie ein Baum strukturiert sein und darüber hinaus so aufgebaut sein, dass sie zur Identifikation der Elemente benutzt werden kann. In den vorliegenden Modellen wurde aus Gründen der besseren Übersicht auf die Einführung derartiger zusätzlicher Kennzeichen verzichtet.

Ein Unternehmen muss die Tätigkeiten, die es am Markt anbietet, kennen. Daher ist es erforderlich, dass im Unternehmen eine Menge von Tätigkeiten erzeugt wird. Dabei gilt es, die Menge der Situation des Unternehmens anzupassen. Neue Tätigkeiten müssen bei Bedarf neu spezifiziert werden. Wenn Geschäftsbereiche stillgelegt werden, müssen vorhandene Elemente aus der Menge entfernt werden.

Für die Benutzung einer Menge von Tätigkeiten kann es zweckmäßig sein, die Menge zu klassifizieren. Beispielsweise können alle Tätigkeiten zur Herstellung von Tragwerken in einer Klasse und alle Tätigkeiten zur Herstellung von Fassaden in einer anderen Klasse zusammengefasst werden. Über die Einteilung in Klassen hinaus ist es zweckmäßig, die Tätigkeiten zusammenzufassen, die einem bestimmten Beruf zugeordnet werden können. Diese Einteilung muss nicht zwangsläufig eine Klassifikation sein. Beispielsweise kann die Tätigkeit „Betonieren" sowohl von einem Betonbauer als auch von einem Maurer ausgeführt werden.

In Abbildung 4.4 ist eine einfache Menge von Tätigkeiten beispielhaft gezeigt. Diese Menge umfasst neben dem Baggern lediglich die Tätigkeiten, die zur Herstellung unbewehrter Bauteile aus Beton und zur Herstellung von Mauerwerk erforderlich sind.

$$TK_S \; = \; \{\; \text{„Einschalen", „Betonieren", „Ausschalen", „Mauern", „Baggern"}\;\}$$

Abbildung 4.4: Menge von Tätigkeiten

Innerhalb der Menge kann eine Einteilung vorgenommen werden, indem die Tätigkeiten Berufsbezeichnungen zugeordnet werden. In der vorliegenden Menge lassen sich die Tätigkeiten „Einschalen", „Betonieren" und „Ausschalen" dem Betonbauer zuordnen, die Tätigkeiten „Betonieren" und „Mauern" dem Maurer und die Tätigkeit „Baggern" dem Baggerführer. Diese Einteilung ist keine Klassifikation, da das Element „Betonieren" nicht eindeutig einer Berufsbezeichnung zugeordnet ist.

Relation zwischen Mitarbeitern und Tätigkeiten: Zwischen der Menge von Informationen über Mitarbeiter und der Menge von Tätigkeiten wird die Relation

$$MT_S \subset MA_S \times TK_S$$

eingeführt, die angibt, welcher Mitarbeiter welche Tätigkeiten ausführen kann.

In einem Unternehmen muss die Relation MT_S bekannt sein. Auf der Grundlage dieser Relation kann im Unternehmen zusammengestellt werden, für welche Tätigkeit wie viele Mitarbeiter zur Verfügung stehen. Dies kann von großer Bedeutung sein, wenn die für das Unternehmen wesentlichen Tätigkeiten von nur wenigen Mitarbeitern ausgeführt werden können.

Die Relation MT_S ist schwer zu pflegen, da jedem Mitarbeiter alle Tätigkeiten, die er ausführen kann, einzeln zugeordnet werden müssen. Für die Umsetzung in ein praxisgerechtes Softwaresystem ist es erforderlich, mehrstufig vorzugehen. Eine Möglichkeit besteht beispielsweise darin, eine Menge von Berufsbezeichnungen einzuführen. Zwischen der Menge von Mitarbeitern und der Menge von Berufsbezeichnungen einerseits und zwischen der Menge von Berufsbezeichnungen und der Menge von Tätigkeiten andererseits werden Relationen eingeführt. Die Relation zwischen der Menge von Berufsbezeichnungen und der Menge von Tätigkeiten kann dabei auf der Grundlage der Ausbildungspläne für Lehrberufe einmalig aufgestellt werden. Die Relation zwischen den Mitarbeitern und den Berufsbezeichnungen ist im Unternehmen zu pflegen.

Aus Gründen der besseren Übersicht wird in den vorliegenden Modellen nur die Relation MT_S eingeführt. Die Relation ist keine Abbildung. Mögliche Klasseneinteilungen der Relation werden nicht betrachtet.

Material und Einbauteil: Ein Material oder ein Einbauteil wird durch einen Namen oder Bezeichner beschrieben und eingeführt als:

$$me \in \{(b_N) | \, b_N \in K\}$$

Welche Materialien und welche Einbauteile erfasst werden, wird durch das jeweilige Unternehmen festgelegt. Beispiele für Materialien sind „B25" oder „Mörtel MG II", Beispiele für Einbauteile sind „Drahtanker" oder „Halfen-schiene".

Die Beschreibung des Materials oder des Einbauteils ist keine Beschreibung eines Produktes. Die Produktbeschreibung kann auf der Grundlage der eingeführten Beschreibung erfolgen, indem dieser Beschreibung entsprechende Produkteigenschaften zugeordnet werden.

Menge von Materialien und Einbauteilen: Zur Identifikation der Elemente einer Menge von Materialien und Einbauteilen wird der Bezeichner selbst verwendet. Darüber hinaus kann es zweckmäßig sein, innerhalb der Menge Ordnungssysteme einzuführen. Diese Ordnungssysteme sind jedoch in der Regel keine Klasseneinteilungen. Werden beispielsweise die Materialien und Einbauteile nach Gewerken geordnet, in denen sie verwendet werden, so gibt es einige Materialien und Einbauteile, die in verschiedenen Gewerken verwendet werden. Ebenso ist eine Einteilung entsprechend der Baustoff-händler, die die Materialien und Einbauteile anbieten, in der Regel keine Klasseneinteilung, da mehrere Baustoffhändler oft dieselben Materialien und Einbauteile anbieten.

Eine Menge von Materialien und Einbauteilen wird gebildet, indem die einzelnen Materialien und Einbauteile benannt und in die Menge eingetragen werden. Hierbei ist zu berücksichtigen, dass die Menge von Materialien und Einbauteile gepflegt werden muss. Das Pflegen einer Menge von Materialien und Einbauteile wird dadurch erschwert, dass, wie oben beschrieben, die Ordnungssysteme in der Regel keine Klasseneinteilungen sind.

Eine Klasseneinteilung in der Menge der Materialien und Einbauteilen ergibt sich aus der Frage, welche Materialien und Einbauteile vom Menschen her-gestellt sind. Wenn dieses Kriterium angesetzt wird, können die Böden, die im Zuge eines Bauvorhabens zu bewegen sind, von allen übrigen Materialien und Einbauteilen getrennt betrachtet werden.

In Abbildung 4.5 ist eine Menge von Materialien und Einbauteilen beispiel-haft gezeigt. Die Klassifikation der Menge entsprechend des Kriteriums „vom

$$ME_S = \{ \text{ „Oberboden",}$$

„Boden der Bodenklasse 3",

„B25",

„Mörtel MG II",

„KS - 20 - 1,6 - 5DF" $\}$

Abbildung 4.5:
Menge von Materialien und Einbauteilen

Menschen hergestellt" ergibt zwei nicht leere Teilmengen. In der Teilmenge „vom Menschen hergestellt" sind die Elemente „B25", „Mörtel MG II" und „KS-20-1,6-5DF", in der Teilmenge „nicht vom Menschen hergestellt" sind die Elemente „Oberboden" und „Boden der Bodenklasse 3".

Mengensystem von Materialien und Einbauteilen: Auf der Grundlage der Menge von Materialien und Einbauteilen ME_S wird ein Mengensystem von Mengen von Materialien und Einbauteilen MM_S eingeführt. Jedes Element des Mengensystems MM_S ist eine Teilmenge der Menge ME_S. Somit ist die Menge MM_S eine Teilmenge der Potenzmenge von ME_S.

Ausgehend von der in Abbildung 4.5 gezeigten Menge ME_S ist in Abbildung 4.6 ein Mengensystem gezeigt. Grundlage für die Bildung des Mengensystems ist die Frage, welche Materialien und Einbauteile zusammen bei der Durchführung einer Tätigkeit verwendet werden. Im vorliegenden Mengensystem MM_S ist ein Element eine Menge, die aus zwei Materialien, Mörtel und Kalksandsteinen, besteht. Diese beiden Materialien werden zur Herstellung von Mauerwerk verwendet und sind daher zusammengefasst. Darüber hinaus ist die leere Menge Element des Mengensystems, da es Tätigkeiten wie beispielsweise Einschalen und Ausschalen gibt, für die kein Material, sondern ein bei den Maschinen und Geräten beschriebenes Schalsystem benötigt wird.

Bauteilsystem: Ein Bauteilsystem wird durch einen Bezeichner beschrieben und eingeführt als:

$$bs \in \{(b_N)| \, b_N \in K\}$$

$$MM_S = \{ \{ \}, $$

$\{$ „Oberboden" $\}$,

$\{$ „Boden der Bodenklasse 3" $\}$,

$\{$ „B25" $\}$,

$\{$ „Mörtel MG II" , „KS - 20 - 1,6 - 5DF" $\}$ $\}$

Abbildung 4.6:
Mengensystem von
Materialien und Einbauteilen

Die Tragwerksplanung geht heute überwiegend von einzelnen Tragobjekten wie Wand, Stütze, Platte etc. aus, die bei der Festlegung der statischen Systeme spezifiziert und in Positionsplänen erfasst werden. Diese Zerlegung eines Bauwerks in Bauteile ist im Hinblick auf eine Verbindung zur baubetrieblichen und betriebswirtschaftlichen Bearbeitung zu detailliert und findet darüber hinaus in der Regel erst im Anschluss an die Bearbeitung baubetrieblicher und betriebswirtschaftlicher Aufgaben statt.

Bauleistungen werden in der Regel nicht für einzelne Bauteile, sondern für zusammengefasste, größere Einheiten ausgeschrieben, vergeben und abgerechnet. Beispiele sind „Mauerwerk der Außenwände" oder „nicht tragende Innenwände". Diese größeren Einheiten sind in der Regel nicht identisch mit den in der Tragwerksplanung festgelegten statischen Systemen. Dementsprechend ist es zweckmäßig, einen neuen Begriff einzuführen. Der Begriff „Bauteilsystem" wird zur Benennung der Zusammenfassung von Bauteilen zu größeren Einheiten verwendet. Bauteilsysteme werden gebildet, indem Bauteile entsprechend ihrer Funktion, ihrer Lage oder des Materials, aus denen sie bestehen, zusammengefasst werden.

Mögliche Bauteilsysteme im Hochbau sind beispielsweise als Bauteiltypen im Standardleistungsbuch für das Bauwesen zusammengestellt. Das hier eingeführte Bauteilsystem ist vergleichbar mit der im Anlagenbau definierten Baugruppe.

Menge von Bauteilsystemen: Eine Menge von Bauteilsystemen wird erzeugt, indem die einzelnen Elemente spezifiziert und in die Menge eingetragen werden. Zur Identifikation der Elemente einer Menge von Bauteilsystemen wird der Bezeichner verwendet. Zur Benutzung einer Menge von Bauteilsystemen kann es zweckmäßig sein, die Menge in Teilmengen einzuteilen. Diese Einteilungen können so erfolgen, dass die Systeme gewerkeweise zusammengefasst werden. Diese Einteilungen sind jedoch in der Regel keine Klasseneinteilungen. Beispielsweise wird eine tragende Wand im Rohbau hergestellt und im Ausbau verputzt.

In Abbildung 4.7 ist eine Menge von Bauteilsystemen beispielhaft gezeigt, wie sie üblicherweise im Hochbau verwendet werden. Zusätzlich ist das System „Boden" als Element mit aufgenommen. Der Boden muss im Sinne der Tragwerksplanung wie alle übrigen Bauteilsysteme Lasten aufnehmen, darüber hinaus muss er im Zuge der Herstellung bearbeitet, beispielsweise abgetragen werden.

$$BS_S = \{ \text{„Boden"}, \text{„Pfahl"}, \text{„Streifenfundament"}, \text{„Bodenplatte"}, \text{„Wand"},$$
$$\text{„Stütze"}, \text{„Treppe"}, \text{„Decke"}, \text{„Satteldach"}, \text{„Walmdach"} \}$$

Abbildung 4.7: Menge von Bauteilsystemen

Bautätigkeit: Aufbauend auf der Menge von Tätigkeiten, dem Mengensystem von Materialien und Einbauteilen und der Menge von Bauteilsystemen wird die Bautätigkeit als Element der dreistelligen Relation zwischen diesen Mengen eingeführt:

$$bt \in \{(tk, M, bs) \in TK_S \times MM_S \times BS_S \mid R \; tk \; M \; bs\}$$

Menge von Bautätigkeiten: Eine Menge von Bautätigkeiten wird gebildet, indem die Elemente der Menge spezifiziert und in die Menge eingetragen werden. Voraussetzung für die Spezifikation ist, dass die Mengen der Tätigkeiten und Bauteilsysteme sowie das Mengensystem der Materialien und Einbauteile gegeben sind.

Zur Identifikation der Elemente einer Menge von Bautätigkeiten werden alle Komponenten der Elemente verwendet. Dies ist erforderlich, da beispielsweise zum Mauern von Wänden und Stützen neben derselben Tätigkeit dieselben Materialien verwendet werden. Ebenso tritt der Fall auf, dass sich Bautätigkeiten lediglich durch ein Material unterscheiden, wenn beispielsweise eine Wand aus Kalksandsteinen oder Mauerziegeln hergestellt werden soll.

Es ist zweckmäßig, eine gegebene Menge an Bautätigkeiten einzuteilen entsprechend des Kriteriums, ob die Bautätigkeiten vom Unternehmen selbst ausgeführt werden können. Es ist heute üblich, dass ein Unternehmen auch Bautätigkeiten anbietet, die es selbst nicht ausführen kann oder will und die dementsprechend von Nachunternehmern ausgeführt werden. Bei einer derartigen Einteilung handelt es sich in der Regel nicht um eine Klasseneinteilung, da teilweise Nachunternehmer auch für Bautätigkeiten eingesetzt werden, die vom Unternehmen selbst durchgeführt werden können. Dies erfolgt beispielsweise dann, wenn die Kapazitäten eines Unternehmens nicht ausreichen, um einen Auftrag ausführen zu können.

Darüber hinaus ist es sinnvoll, eine Menge von Bautätigkeiten einzuteilen entsprechend der Gewerke, in denen das Unternehmen tätig ist. Leistungsverzeichnisse werden heute in der Regel für jedes Gewerk getrennt erstellt,

$$BT_S = \left\{ \begin{array}{lll}
(& \text{„Mauern",} \left\{ \text{„Mörtel MG II", „KS - 20 - 1,6 - 5DF"} \right\}, & \text{„Wand"}), \\
(& \text{„Mauern",} \left\{ \text{„Mörtel MG II", „KS - 20 - 1,6 - 5DF"} \right\}, & \text{„Stütze"}), \\
(\text{„Einschalen",} & \left\{ \ \right\}, & \text{„Fundament"}), \\
(\text{„Ausschalen",} & \left\{ \ \right\}, & \text{„Fundament"}), \\
(\text{„Betonieren",} & \left\{ \text{„B25"} \right\}, & \text{„Fundament"}), \\
(& \text{„Baggern",} \quad \left\{ \text{„Oberboden"} \right\}, & \text{„Boden"}), \\
(& \text{„Baggern",} \quad \left\{ \text{„Boden der Bodenklasse 3"} \right\}, & \text{„Bodenplatte"}), \\
(& \text{„Baggern",} \quad \left\{ \text{„Boden der Bodenklasse 3"} \right\}, & \text{„Fundament"})
\end{array} \right\}$$

Abbildung 4.8: Menge von Bautätigkeiten

angeboten, ausgeführt und abgerechnet. Auch hier ist eine Einteilung der Menge in der Regel keine Klasseneinteilung, da die Bautätigkeiten teilweise von mehreren Gewerken ausgeführt werden.

In Abbildung 4.8 ist eine Menge von Bautätigkeiten beispielhaft gezeigt. Die Menge basiert auf der in Abbildung 4.4 gezeigten Menge von Tätigkeiten, dem in Abbildung 4.6 gezeigten Mengensystem von Materialien und Einbauteilen und der in Abbildung 4.7 gezeigten Menge von Bauteilsystemen.

Die Menge von Bautätigkeiten kann eingeteilt werden in Teilmengen, wobei innerhalb einer jeden Teilmenge die Bautätigkeiten eines Gewerks zusammengefasst sind. In der vorliegenden Menge ergeben sich drei Teilmengen, eine Teilmenge für Mauerarbeiten, bestehend aus den Elementen mit der Tätigkeit Mauern, eine Teilmenge für Beton- und Stahlbetonarbeiten, bestehend aus den Elementen mit den Tätigkeiten Einschalen, Betonieren und Ausschalen und eine Teilmenge für Erdarbeiten, bestehend aus den Elementen mit der Tätigkeit Baggern.

Bezug zu Bauverfahren: Für den Betrieb eines Bauunternehmens ist es erforderlich, dass die Verfahren, nach denen ein Bauwerk hergestellt, instand gehalten, geändert oder beseitigt wird, umfassend beschrieben sind. Dies ist für die Planung der erforderlichen und einzusetzenden Kapazitäten sowie für die Terminplanung von wesentlicher Bedeutung. Für jedes Verfahren ist zu beschreiben, welche Kapazitäten dafür erforderlich und einsetzbar sind. Die Aufwandswerte müssen verfügbar sein. Diese Werte müssen in den laufenden Projekten überprüft und gegebenenfalls neu bestimmt werden.

Die Beziehung zwischen den Bauverfahren und den Bautätigkeiten ist von wesentlicher Bedeutung. Hierbei ist zu berücksichtigen, dass für eine Bautätigkeit verschiedene Verfahren eingesetzt werden können. Dies betrifft in erster Linie Verfahren, die sich im Einsatz von Maschinen und Geräten unterscheiden. Beispielsweise kann Beton mit Hilfe einer Betonpumpe oder mit Hilfe von Krankübeln eingebaut werden, beim Einschalen können verschiedenen Schalsysteme verwendet werden.

Die Beschreibung der Bauverfahren, das Aufbauen einer entsprechenden Menge BV_U und das Aufstellen der Beziehung zu den Bautätigkeiten ist Gegenstand technischer Informationsmodelle.

Bezug zu Geschäftspartnern: Für den Betrieb eines Bauunternehmens ist es erforderlich, die potentiellen Nachunternehmer für Bautätigkeiten zu kennen. Gezielte Anfragen müssen erfolgen, wenn Bautätigkeiten anzubieten sind, die nicht vom Unternehmen ausgeführt werden können. Darüber hinaus sind Erfahrungen mit den Nachunternehmern wesentlich, wenn erneut eine Zusammenarbeit angestrebt wird. Es ist daher erforderlich zu wissen, welcher Nachunternehmer welche Bautätigkeit ausführen kann und wie sich die Zusammenarbeit gestaltet hat.

Nutzungsbereiche: Die Bauteilsysteme, aus denen Bauwerke bestehen können, beschreiben das Bauwerk aus dem Blickwinkel der Herstellung. Für den Entwurf und die Nutzung eines Bauwerks sind die Bereiche des Bauwerks von wesentlicher Bedeutung, die im Bauwerk genutzt werden können. Zur Beschreibung dieser Nutzungsbereiche wird ein Bezeichner eingeführt als:

$$nb \in \{(b_N)|\ b_N \in K\}$$

In Abbildung 4.9 ist eine Menge von Nutzungsbereichen beispielhaft gezeigt, die zur Beschreibung von Geschossbauten verwendet werden kann. Die eingeführten Begriffe können fachlich teilweise synonym verwendet werden. Beispielsweise kann statt des Begriffs „Geschoss" der Begriff „Etage" verwendet werden. Welcher der Begriffe zur Beschreibung eines bestimmten Bauwerks gewählt wird, ist im jeweiligen Projekt fachlich festzulegen. Eine Menge NB_S ist innerhalb des Unternehmens als Teil der Stammdaten zur Verfügung zu stellen.

Innerhalb dieser Menge können die Nutzungsbereiche unterschieden werden zwischen Nutzungsbereichen mit überwiegend horizontaler Ausdehnung

NB_S = { „Geschoss",

„Etage",

„Ebene",

„Raum",

„Halle",

„Treppenhaus",

„Fahrstuhlschacht",

„Versorgungsschacht" }

Abbildung 4.9:
Menge von Nutzungsbereichen

und Nutzungsbereiche mit überwiegend vertikaler Ausdehnung. Eine derartige Unterscheidung kann zu disjunkten Teilmengen in der Menge von Nutzungsbereichen von Bauwerken führen und somit die Menge klassifizieren. Bei der in Abbildung 4.9 gezeigten Menge besteht die Teilmenge von Nutzungsbereichen mit überwiegend horizontaler Ausdehnung aus den Elementen „Geschoss", „Etage", „Ebene", „Raum" und „Halle". Die Teilmenge an Nutzungsbereichen mit überwiegend vertikaler Ausdehnung besteht aus den Elementen „Treppenhaus", „Fahrstuhlschacht" und „Versorgungsschacht".

Die Unterscheidung der Nutzungsbereiche im Hinblick auf ihre Ausdehnung kann zur Verwaltung und Pflege einer Menge von Nutzungsbereichen zweckmäßig genutzt werden. In den weiteren Betrachtungen wird von dieser Unterscheidung jedoch nicht Gebrauch gemacht. Einerseits kann diese Unterscheidung in einigen Fällen zu Missverständnissen führen, wenn beispielsweise Rampen betrachtet werden, die zwar häufig eine überwiegend horizontale Ausdehnung haben, deren Zweck jedoch in der Überwindung einer Vertikalen liegt. Andererseits ist das Grundprinzip der Einführung und der weiteren Verwendung von Nutzungsbereichen unabhängig von der Einteilung der Menge NB_S in Nutzungsbereiche unterschiedlicher Ausdehnung.

4.4.3 Geschäftspartner

Informationen über Geschäftspartner: Jedes Unternehmen ist im Rahmen der Buchführung verpflichtet, für die externen Geschäftspartner, die Debitoren und die Kreditoren, entsprechende Konten einzurichten. Darüber hinaus verfügt jedes Unternehmen intern über organisatorische Einheiten, die im Auftrag des Unternehmens Geschäftsvorfälle veranlassen. Die organisatorischen Einheiten werden im internen Rechnungswesen beschrieben und zur Durchführung der Kostenstellenrechnung benötigt.

In den vorliegenden Informationsmodellen wird folgende Beschreibung der Geschäftspartner eingeführt:

$$gp \in \{(b_N) | \; b_N \in K\}$$

Die Beschreibung der Geschäftspartner wird sowohl für die externen Geschäftspartner, die Debitoren und die Kreditoren, als auch für die internen Geschäftspartner, die organisatorischen Einheiten, verwendet. Die vorliegende Beschreibung besteht lediglich aus dem Bezeichner b_N. Für den Betrieb eines Unternehmens sind weitere Informationen erforderlich. Beispiele hierfür sind Informationen über die Adresse des Geschäftspartners, den Namen des Ansprechpartners oder die Kontoverbindung. Darüber hinaus ist es zweckmäßig, die Erfahrungen im Umgang mit den Geschäftspartnern zu erfassen. Dies betrifft sowohl die externen als auch die internen Geschäftspartner. Diese zusätzlichen Informationen lassen sich jedoch überwiegend einzelnen Aufgaben zuordnen und können entsprechend der in Abschnitt 4.3 beschriebenen Vorgehensweise angefügt werden.

Menge von Informationen über Geschäftspartner: Eine Menge von Informationen über Geschäftspartner wird spezifiziert, indem die Geschäftspartner benannt und in die Menge eingetragen werden. Zur Identifikation der Elemente in einer gegebenen Menge von Geschäftspartnern wird der Bezeichner gewählt.

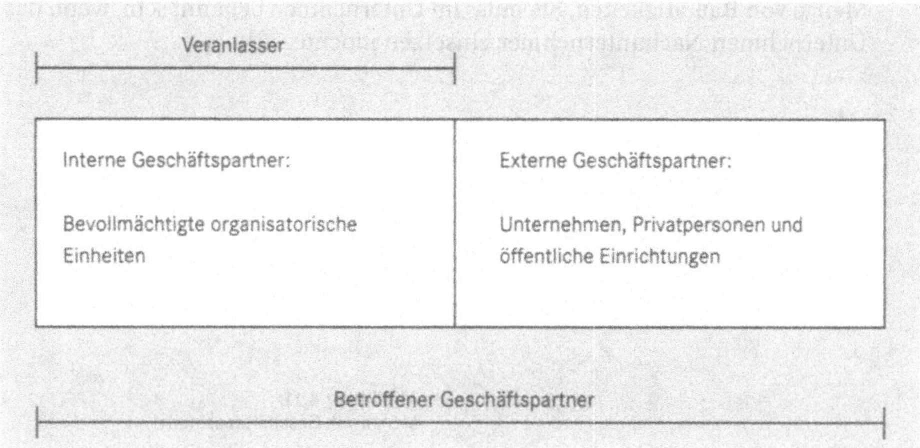

Abbildung 4.10: Kriterien zur Klassifikation der Geschäftspartner

Eine gegebene Menge von Geschäftspartner kann klassifiziert werden, indem zwischen externen und internen Geschäftspartnern unterschieden wird. Diese Klassifikation ist insofern von Bedeutung, da lediglich die internen Geschäftspartner Geschäftsvorfälle veranlassen können. Sowohl die internen als auch die externen Geschäftspartner können von Geschäftsvorfällen betroffen sein. Die Kriterien zur Klassifikation sind in Abbildung 4.10 gezeigt.

Im Gegensatz zum Kriterium „externer oder interner Geschäftspartner" ist die Einteilung der externen Geschäftspartner in Debitoren und Kreditoren keine Klasseneinteilung. Ein externer Geschäftspartner kann sowohl Debitor als auch Kreditor sein. Aus diesem Grund wird von dieser Einteilung in den vorliegenden Informationsmodellen kein Gebrauch gemacht. Diese Einteilung ergibt sich aus den Geschäftsvorfällen und kann dementsprechend durch die Betrachtung der Geschäftsvorfälle bestimmt werden.

In Abbildung 4.11 ist eine Menge von Geschäftspartnern beispielhaft gezeigt. Die internen Geschäftspartner sind die Geschäftsleitung, das Materiallager und die Baustelle A. Die externen Geschäftspartner sind der Gesellschafter, die Steinmann GmbH, die Familie Wohnschön und das Finanzamt.

Bezug zu Bautätigkeiten: Es ist erforderlich, dass die Relation zwischen potentiellen Nachunternehmern und den Bautätigkeiten, die von ihnen ausgeführt werden können, gegeben ist. Die Relation ist eine Teilmenge des kartesischen Produktes zwischen der Menge von Geschäftspartner und der Menge von Bautätigkeiten. Sie muss im Unternehmen bekannt sein, wenn das Unternehmen Nachunternehmer einsetzen möchte.

$$GP_S = \{ \text{ „Geschäftsleitung",}$$
$$\text{„Materiallager",}$$
$$\text{„Baustelle A",}$$
$$\text{„Gesellschafter",}$$
$$\text{„Finanzamt",}$$
$$\text{„Steinmann GmbH",}$$
$$\text{„Familie Wohnschön" } \}$$

Abbildung 4.11:
Menge von Geschäftspartnern

4.5 Geschäftsvorfälle

Dokumentation eines Geschäftsvorfalls: Zur Dokumentation eines Geschäftsvorfalls wird ein 3-Tupel eingeführt:

$$dg \in \{(i, b_v, b_i) \mid i \in N, b_v \in Q_0^+, b_i \in Q_0^+\}$$

Ein Geschäftsvorfall wird durch eine im Rechner darstellbare natürliche Zahl und zwei im Rechner darstellbare rationale Zahlen größer gleich null dokumentiert.

Die natürliche Zahl wird als Identifikator verwendet. Die erste rationale Zahl ist die Bewertung des Geschäftsvorfalls in einer Währungseinheit auf der Grundlage der geltenden Vorschriften. Zur Vereinfachung wird davon ausgegangen, dass die Bewertungen aller Geschäftsvorfälle in derselben Währungseinheit vorgenommen werden. Ansonsten müssten Währungseinheiten eingeführt werden. Als Bewertungsgrundlagen für den Geschäftsvorfall sind die Vorschriften des HGB sowie die Vorschriften der Steuergesetze zu berücksichtigen. Die zweite Zahl ist die Bewertung des Geschäftsvorfalls auf der Grundlage innerbetrieblicher Bewertungsregeln. Damit erfüllt die Dokumentation eines Geschäftsvorfalls die Anforderungen, unterschiedliche Bewertungsgrundlagen für Geschäftsvorfälle berücksichtigen zu können.

Für die datentechnische Umsetzung ist es erforderlich, die Bedeutung des Geschäftsvorfalls zu speichern. Zur Vereinfachung der Informationsmodelle wird jedoch an dieser Stelle auf die Einführung beispielsweise einer Zeichenkette, in der die Bedeutung beschrieben wird, verzichtet.

Die eingeführte Dokumentation eines Geschäftsvorfalls kann als Grundlage für die in der Betriebswirtschaft entwickelte Struktur der Belege angesehen werden. Ein Beleg beschreibt mehr als einen Geschäftsvorfall, wobei jeder einzelne Geschäftsvorfall durch eine Belegposition beschrieben wird. Dementsprechend lässt sich jeder Beleg zerlegen in Positionen, die wiederum durch die eingeführte Dokumentation beschrieben werden können.

Beispiel: In Abbildung 4.12 sind Elemente zur Dokumentation von Geschäftsvorfällen beispielhaft gezeigt. Der geschäftsführende Gesellschafter eines betrachteten Unternehmens mit dem Namen „Baumann GmbH" zahlt Grundkapital in Höhe von EUR 5.000,– auf das Bankkonto der Gesellschaft ein und übereignet ihr ein Grundstück im Wert von EUR 20.000,–. Die in Abbildung 4.12 gezeigten Elemente mit den Identifikatoren 1 und 2 dokumentieren die Geschäftsvorfälle.

dg_1 = (1,   5000,   5000)   Kapital wird eingezahlt.

dg_2 = (2,   20000,   20000)   Der Firma gehört ein Grundstück.

dg_3 = (3,   750,   750)   Materiallager kauft 10 m³ KS von Steinmann GmbH.

dg_4 = (4,   120,   120)   Mit dem Kauf der Steine sind Steuern zu zahlen.

dg_5 = (5,   750,   750)   Verbindlichkeiten gegenüber Steinmann werden beglichen.

dg_6 = (6,   120,   120)   Entsprechende Beträge werden überwiesen.

dg_7 = (7,   0,   800)   Baustelle A kauft 10 m³ Kalksandsteine vom Materiallager.

dg_8 = (8,   0,   800)   Materiallager hat einen Ertrag in Höhe von EUR 800,-.

dg_9 = (9,   0,   750)   Dem steht ein Aufwand in Höhe von EUR 750,- gegenüber.

dg_{10} = (10,   750,   800)   Baustelle A verwendet 10 m³ Kalksandsteine.

dg_{11} = (11,   850,   850)   Baustelle A verkauft die Steine an Familie Wohnschön.

dg_{12} = (12,   136,   136)   Entsprechende Steuern sind einzunehmen.

dg_{13} = (13,   50,   50)   Der Geschäftsführer zahlt Grundsteuern.

Abbildung 4.12: Elemente zur Dokumentation von Geschäftsvorfällen

Das Materiallager der Baumann GmbH kauft bei der Steinmann GmbH 10 m³ Kalksandsteine NF zu einem Preis von EUR 750,- zzgl. Umsatzsteuer in Höhe von 16%. Die Steine werden nicht sofort bezahlt, somit entstehen Verbindlichkeiten gegenüber der Steinmann GmbH. Die in Abbildung 4.12 gezeigten Elemente mit den Identifikatoren 3 und 4 dokumentieren die Geschäftsvorfälle.

Die Verbindlichkeiten werden beglichen. Hierzu werden die Beträge für die Steine und die Steuern an die Steinmann GmbH überwiesen. Die in Abbildung 4.12 gezeigten Elemente mit den Identifikatoren 5 und 6 dokumentieren die Geschäftsvorfälle.

Baustelle A kauft dieselben Steine für EUR 800,- vom zur Unternehmung gehörenden Materiallager. Baustelle A spezifiziert das in Abbildung 4.12 gezeigte Element mit dem Identifikator 7. Das Materiallager spezifiziert die Elemente mit den Identifikatoren 8 und 9. Dabei ist zu berücksichtigen, dass es sich um interne Geschäftsvorfälle handelt. Dementsprechend sind diese Geschäftsvorfälle nach den gesetzlichen Vorschriften mit EUR 0,00 zu bewerten.

Baustelle A verwendet die Steine für den Bau des Hauses der Familie Wohnschön. Dementsprechend hat Baustelle A einen Aufwand für Steine, der nach
dem HGB mit EUR 750,– und intern mit EUR 800,– bewertet wird. Das in
Abbildung 4.12 gezeigte Element 10 wird spezifiziert.

Baustelle A verkauft die Steine für EUR 850,– an die Familie Wohnschön.
Entsprechende Steuern in Höhe von EUR 136,– werden in Rechnung gestellt.
Die in Abbildung 4.12 gezeigten Elemente 11 und 12 werden spezifiziert.

Der Geschäftsführer zahlt Grundsteuern und spezifiziert zur Dokumentation das Element 13.

Menge zur Dokumentation der Geschäftsvorfällen: Jede Gesellschaft ist
gesetzlich verpflichtet, alle Geschäftsvorfälle zu dokumentieren. Insofern
ist es für den Betrieb eines Bauunternehmens erforderlich, eine Menge zur
Dokumentation von Geschäftsvorfällen anzulegen und jeden Geschäftsvorfall als Element dieser Menge zu dokumentieren. Der Identifikator darf beim
Eintrag eines neuen Elementes nicht frei gewählt werden. Die gesetzlichen
Vorschriften besagen, dass alle Geschäftsvorfälle fortlaufend zu nummerie-
ren sind. Wenn ein neues Element in die Menge eingetragen wird, so ist als
Identifikator die größte vergebene natürliche Zahl, inkrementiert um Eins,
zu wählen.

Es ist zweckmäßig, für jedes Geschäftsjahr eine eigene Menge zu benutzen.
Durch den Jahresabschluss wird die jeweilige Menge der Geschäftsvorfälle
ausgewertet. Für das neue Geschäftsjahr wird eine neue Menge angelegt. Der
Identifikator des Elements, das als erstes in die Menge eingetragen wird, ist
1.

Innerhalb einer Menge von Geschäftsvorfällen sind vier Klasseneinteilungen von wesentlicher Bedeutung. Die erste Klasseneinteilung basiert auf
der Aussage, wofür der Betrag, mit dem der Geschäftsvorfall bewertet wird,
verwendet wird. Die zweite Klasseneinteilung basiert auf der Aussage, woher
der Betrag, mit dem der Geschäftsvorfall bewertet wird, genommen wird.
Die dritte Klasseneinteilung basiert auf der Aussage, wer innerhalb des
Unternehmens den Geschäftsvorfall veranlasst hat. Die vierte Klasseneinteilung basiert auf der Aussage, wer der von dem Geschäftsvorfall betroffene
Geschäftspartner ist.

Beispiel: Betrachtet wird die Menge, deren Elemente in 4.12 gezeigt sind. Die
Menge besteht aus dreizehn Elementen. Die Teilmengen, die sich entsprechend der eingeführten Kriterien zur Einteilung ergeben, sind in Abbildung
4.13 gezeigt.

Kriterium:	Klasseneinteilung:	Name der Klasse:
Verwendung	$\{\, \{\, dg_1\, \},$	Bankkonto
des Betrages	$\{\, dg_2\, \},$	Grundstück
	$\{\, dg_3, dg_7\, \},$	Kalksandsteine
	$\{\, dg_4\, \},$	Vorsteuer
	$\{\, dg_5, dg_6\, \},$	Verbindlichkeiten
	$\{\, dg_8, dg_{11}, dg_{12}\, \},$	Forderungen
	$\{\, dg_9, dg_{10}\, \},$	Aufwand
	$\{\, dg_{13}\, \}\, \}$	Grundsteuer
Herkunft des	$\{\, \{\, dg_1, dg_2\, \},$	Grundkapital
Betrages	$\{\, dg_3, dg_4, dg_7\, \},$	Verbindlichkeiten
	$\{\, dg_5, dg_6, dg_{13}\, \},$	Bankkonto
	$\{\, dg_9, dg_{10}\, \},$	Kalksandsteine
	$\{\, dg_8, dg_{11}\, \},$	Ertrag
	$\{\, dg_{12}\, \}\, \}$	Umsatzsteuer
Veranlasser	$\{\, \{\, dg_1, dg_2, dg_{13}\, \},$	Geschäftsführung
des Vorfalls	$\{\, dg_3, dg_4, dg_5, dg_6, dg_8, dg_9\, \},$	Materiallager
	$\{\, dg_7, dg_{10}, dg_{11}, dg_{12}\, \}\, \}$	Baustelle A
vom Vorfall	$\{\, \{\, dg_1, dg_2\, \},$	Gesellschafter
betroffener	$\{\, dg_7, dg_9\, \},$	Materiallager
Geschäfts-	$\{\, dg_8, dg_{10}, dg_{11}, dg_{12}\, \},$	Baustelle A
partner	$\{\, dg_{13}\, \},$	Finanzamt
	$\{\, dg_3, dg_4, dg_5, dg_6\, \},$	Steinmann GmbH
	$\{\, dg_{11}, dg_{12}\, \}\, \}$	Familie Wohnschön

Abbildung 4.13: Klassen in einer Menge zur Dokumentation von Geschäftsvorfällen

Zur Verwendung der Beträge werden acht Klassen eingeführt: Bankkonto, Grundstück, Kalksandsteine, Vorsteuer, Verbindlichkeiten, Forderungen, Aufwand und Grundsteuer. Für die Herkunft der Beträge werden sechs Klassen eingeführt: Grundkapital, Verbindlichkeiten, Bankkonto, Kalksandsteine, Ertrag und Umsatzsteuer.

Veranlasser der Geschäftsvorfälle sind entweder die Geschäftsführung, das Materiallager oder die Baustelle A. Von den jeweiligen Vorfällen betroffen sind der Gesellschafter, das Materiallager, die Baustelle A, das Finanzamt, die Steinmann GmbH oder die Familie Wohnschön.

4.6 Bauwerk

Bauwerke sind im Bauwesen Gegenstand der Projekte. Dabei ist jedoch zu berücksichtigen, dass ein Bauwerk an einen Standort, in der Regel ein Grundstück, gebunden ist. An diesem Standort können jedoch mehrere Bauwerke hergestellt, umgebaut oder beseitigt werden. Die Arbeiten können dabei in verschiedenen Projekten ausgeführt werden. Dementsprechend müssen eine zweckmäßige Benennung und eine darauf aufbauende Kennzeichnung des Projektes die Benennung des Standortes und des Bauwerkes beinhalten. Dabei ist zu berücksichtigen, dass die Beziehungen zwischen Standort und Bauwerk $1 : n$ und die zwischen Bauwerk und Projekt $1 : m$ sind.

4.6.1 Beschreibung

Zur Projektbearbeitung ist eine Beschreibung des Bauwerks und der Aufgabe, die am Bauwerk zu bearbeiten und zu lösen ist, erforderlich. Dies wird teilweise vorgeschrieben, beispielsweise in der Verdingungsordnung für Bauleistungen. Bei Neubauten ist die Aufgabe selbst, die Herstellung des Bauwerks, von vornherein bekannt. Daher wird die Aufgabe bei Neubauten häufig nicht näher beschrieben. Beim Bauen im Bestand ist die Beschreibung der Aufgabe dahingehend komplizierter, da Teile des Bauwerks rückgebaut, geändert oder hergestellt werden müssen.

Unabhängig von den auszuführenden Aufgaben ist es jedoch erforderlich, das Bauwerk selbst mit seinen Bestandteilen zu beschreiben. Eine derartige Beschreibung bildet eine Grundlage für die Beschreibung der Aufgaben und kann darüber hinaus zur Strukturierung des Projektes genutzt werden. Die Strukturierung des Projektes umfasst neben der Festlegung einzelner Aufgaben die Koordinierung der Aufgabenverteilung und Aufgabenbearbeitung, die Festlegung von Zuständigkeiten und Verantwortlichkeiten etc.

Bei der Beschreibung eines Bauwerks kann unterschieden werden zwischen den Bereichen im Bauwerk, die genutzt werden oder genutzt werden sollen, und den Teilen, aus denen das Bauwerk besteht oder bestehen soll. Eine derartige Zerlegung des Bauwerks führt zu zwei Mengen. Die Materie des Bauwerks bilden die Teile, die Hohlräume in der Materie sind die Nutzungsbereiche im Bauwerk. Zwischen beiden Mengen besteht eine Beziehung, denn die Hohlräume sind – zumindest teilweise – von Materie umgeben.

In der Topologie wird bei den Hohlräumen unterschieden zwischen Bohrungen und Blasen. Diese Unterscheidung ist jedoch für die Anwendung im Bauwesen nicht ausreichend, da beispielsweise eine Loggia weder eine Bohrung noch eine Blase ist. In die vorliegenden Beschreibungen der Nutzungsbereiche werden auch Bereiche aufgenommen, die weder eine Bohrung noch eine Blase sind.

Im Zuge einer Projektbearbeitung kann es erforderlich sein, das Bauwerk selbst vorab in Teilbereiche zu zerlegen. Im Bauwesen wurde der Begriff Bauabschnitt geprägt, der häufig in der Tragwerksplanung genutzt wird, um ein Bauwerk in Abschnitte mit unterschiedlichen Tragsystemen und unterschiedlichen Fertigungsabschnitten zu unterteilen. Um eine Unterteilung des Bauwerks nicht nur für die Belange der Tragwerksplanung vorzunehmen, kann es daher zweckmäßig sein, einen von der Tragwerksplanung unabhängigen Begriff zu wählen, beispielsweise den Begriff Bauwerksabschnitt.

Nutzungsbereiche eines Bauwerks: Die Beschreibung eines bestimmten Bauwerks, das Gegenstand eines Projektes ist, erfolgt auf der Grundlage einer gegebenen Menge von Nutzungsbereichen NB_S. Hierzu ist es erforderlich, die einzelnen Nutzungsbereiche des betrachteten Bauwerks einerseits zu identifizieren und andererseits entsprechend ihrer Nutzung zu benennen. Ein Nutzungsbereich eines bestimmten Bauwerks wird eingeführt als:

$$nb_B \in \{(i, nb) | \, i \in K, nb \in NB_S\}$$

Die Zeichenkette i wird zur Identifikation verwendet.

In Abbildung 4.14 sind die Nutzungsbereiche eines dreigeschossigen Bauwerks mit Kellergeschoss und Dachgeschoss gezeigt. Das Bauwerk verfügt über ein Treppenhaus. Zur Versorgung der Geschosse mit Wasser, Strom und Wärme existieren zwei Versorgungsschächte. Ein Schornstein wird nicht benötigt, da das Haus mit Gas geheizt wird und die Heizungsanlage im Dachgeschoss eingebaut wird.

In der Menge der Nutzungsbereiche eines bestimmten Bauwerks wird eine Relation eingeführt, die die Nachbarschaftsbeziehungen der Nutzungsbereiche untereinander beschreibt. Zur späteren Auswertung der Relationen wird

$$NB_B = \{ (\text{„KG"}, \quad \text{„Geschoss"}),$$
$$(\text{„EG"}, \quad \text{„Geschoss"}),$$
$$(\text{„1.OG"}, \text{„Geschoss"}),$$
$$(\text{„2.OG"}, \text{„Geschoss"}),$$
$$(\text{„DG"}, \quad \text{„Geschoss"}),$$
$$(\text{„TP"}, \quad \text{„Treppenhaus"}),$$
$$(\text{„V1"}, \quad \text{„Versorgungsschacht"}),$$
$$(\text{„V2"}, \quad \text{„Versorgungsschacht"}) \}$$

Abbildung 4.14:
Nutzungsbereiche eines bestimmten Bauwerks

die Menge künstlich um die Umwelt erweitert. Die Umwelt kann dabei aus dem Baugrund, der Luft und vorhandener Nachbarbebauung bestehen. Die Relation ist nicht reflexiv und symmetrisch.

Eine schematische Darstellung der Nutzungsbereiche eines Bauwerks kann dahingehend überprüft werden, ob die Nachbarschaftsbeziehungen eingehalten wurden. Die Spezifikation der vorgestellten Mengen ermöglicht jedoch nicht das automatische Generieren einer eindeutigen schematischen Darstellung, da keine eindeutige Abbildungsvorschrift existiert.

In Abbildung 4.15 ist die in Abbildung 4.14 gezeigte Menge erweitert worden. Da das betrachtete Bauwerk keine anstehende Nachbarbebauung berührt, ist die Menge nur um die Elemente zur Beschreibung des Baugrundes und der Luft erweitert.

$$NB_B = \{ (\text{„KG"}, \quad \text{„Geschoss"}),$$
$$(\text{„EG"}, \quad \text{„Geschoss"}),$$
$$(\text{„1.OG"}, \text{„Geschoss"}),$$
$$(\text{„2.OG"}, \text{„Geschoss"}),$$
$$(\text{„DG"}, \quad \text{„Geschoss"}),$$
$$(\text{„TP"}, \quad \text{„Treppenhaus"}),$$
$$(\text{„V1"}, \quad \text{„Versorgungsschacht"}),$$
$$(\text{„V2"}, \quad \text{„Versorgungsschacht"}),$$
$$(\text{„BG"}, \quad \text{„Baugrund"}),$$
$$(\text{„LU"}, \quad \text{„Luft"}) \}$$

Abbildung 4.15:
Erweiterte Menge von Nutzungsbereichen eines bestimmten Bauwerks

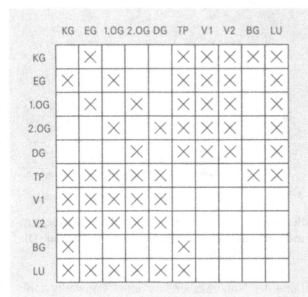

	KG	EG	1.OG	2.OG	DG	TP	V1	V2	BG	LU
KG		X				X	X	X	X	X
EG	X		X			X	X	X		X
1.OG		X		X		X	X	X		X
2.OG			X		X	X	X	X		X
DG				X		X	X	X		X
TP	X	X	X	X	X				X	X
V1	X	X	X	X	X					
V2	X	X	X	X	X					
BG	X					X				
LU	X	X	X	X	X	X				

Abbildung 4.16:
Relation Nachbarschaft

Aufbauend auf der erweiterten Menge ist in Abbildung 4.16 die Relation zur Beschreibung der Nachbarschaft gezeigt. In der Darstellung der Relation sind die Eigenschaften nicht reflexiv und symmetrisch deutlich zu erkennen.

In Abbildung 4.17 ist eine zweidimensionale schematische Darstellung des Bauwerks gezeigt. Eine Überprüfung der gezeigten Berührungslinien zwischen den Nutzungsbereichen ergibt, dass alle erfassten Nachbarschaftsbeziehungen dargestellt sind.

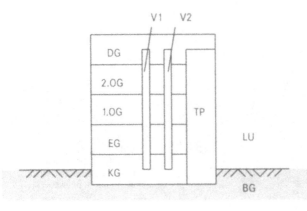

Abbildung 4.17:
Schematische Darstellung
des Bauwerks

Bauteilsysteme: Aus der erweiterten Menge der Nutzungsbereiche eines Bauwerks kann unter Berücksichtigung der Nachbarschaftsbeziehungen berechnet werden, wo Bauteilsysteme zur Abgrenzung der einzelnen Nutzungsbereiche potenziell erforderlich sind. Diese Beschreibung hat nicht die Detaillierung, wie sie beispielsweise in der Tragwerksplanung zur Spezifikation der einzelnen Bauteile erforderlich ist. Es werden vielmehr die in Abbildung 4.7 eingeführten Bauteilsysteme verwendet.

Innerhalb einer gegebenen Menge von Bauteilsystemen lassen sich ebenso wie in einer gegebenen Menge von Nutzungsbereichen zwei Teilmengen bilden. Die eine Teilmenge enthält die Bauteilsysteme mit überwiegend horizontaler Ausdehnung, die somit zwischen vertikalen Nachbarschaften von Nutzungsbereichen potenziell angeordnet sein können. Die andere Teilmenge enthält die Bauteilsysteme mit überwiegend vertikaler Ausdehnung, die somit zwischen horizontalen Nachbarschaften von Nutzungsbereichen potenziell angeordnet sein können. Beispiele für Bauteilsysteme mit überwiegend horizontaler Ausdehnung sind Decken, Beispiele für Bauteilsysteme mit überwiegend vertikaler Ausdehnung sind Wände oder Stützen. Die Einteilung einer gegebenen Menge von Bauteilsystemen unter dem Aspekt der Ausdehnung ist jedoch mit den gleichen Schwierigkeiten behaftet wie die Einteilung einer gegebenen Menge von Nutzungsbereichen. Eine derartige Einteilung kann die Pflege und die weitere Verwendung der Informationen dieser Menge vereinfachen. Im Folgenden wird jedoch nur das Prinzip beim Einsatz der Menge weiter verfolgt, das von einer möglichen Einteilung unabhängig ist.

Neben der möglichen Lage von Bauteilsystemen an den Berührungsstellen von Nutzungsbereichen können Bauteilsysteme innerhalb eines Nutzungsbereiches angeordnet werden. Dies ist beispielsweise erforderlich, wenn innerhalb eines Geschosses Trennwände zwischen den einzelnen Räumen angeordnet sind. Vor dem Hintergrund der möglichen Anordnung der Bauteilsysteme kann somit bei einer vorliegenden Beschreibung der Nutzungsbereiche und der Relationen zwischen diesen ein Vorschlag berechnet werden, wo die Bauteilsysteme potenziell angeordnet sein können. Ob und welche Bauteilsysteme an den Berührungsstellen herzustellen sind, ist ebenso projektspezifisch zu beantworten wie die Frage, ob und wie viel Bauteilsysteme im Innern eines Nutzungsbereiches angeordnet sind.

Zur Beschreibung der Bauteilsysteme eines speziellen Bauwerks ist es jedoch erforderlich, in Analogie zu den Nutzungsbereichen eines bestimmten Bauwerks ein Element einzuführen als:

$$bs_B \in \{(i, bs)|\ i \in K, bs \in BS_S\}$$

BS_B = { („KG.G",   „Bodenplatte"),   („TP.G" ,   „Streifenfundament"),

(„KG.A" ,   „Wand"),   („KG.I" ,   „Wand"),

(„KG.O" ,   „Decke"),   („EG.A" ,   „Wand"),

(„EG.I" ,   „Wand"),   („EG.O" ,   „Decke"),

(„1.A" ,   „Wand"),   („1.I" ,   „Wand"),

(„1.O" ,   „Decke"),   („2.A" ,   „Wand"),

(„2.I" ,   „Wand"),   („2.O" ,   „Decke"),

(„DG.A" ,   „Wand"),   („DG.I" ,   „Wand"),

(„DG.O" ,   „Satteldach"),   („V1.I" ,   „Wand"),

(„V2.I" ,   „Wand"),   („TP.I" ,   „Wand"),

(„TP.A" ,   „Wand") }

Abbildung 4.18: Bauteilsysteme des in 4.17 schematisch dargestellten Bauwerks

Mit diesem Element können die Bauteilsysteme durch die Zeichenkette i identifiziert und benannt werden.

Beispiel: In Abbildung 4.18 sind die Bauteilsysteme des in Abbildung 4.17 schematisch dargestellten Bauwerks gezeigt. Das Kellergeschoss ist auf einer Bodenplatte gegründet. Zur Gründung des Treppenhauses sind Streifenfundamente vorgesehen. Die vertikalen Begrenzungen der einzelnen Geschosse sind Decken. Das Treppenhaus und die einzelnen Geschosse haben Außenwände. Die Versorgungsschächte sowie das Treppenhaus sind von den Geschossen durch Wände getrennt. Innerhalb der Geschosse sind Wände angeordnet. Als Dach ist ein Satteldach vorgesehen.

Die Identifikatoren der Bauteilsysteme wurden gebildet aus den Identifikatoren eines Nutzungsbereiches, an welchen das System grenzt, und aus einem der Kennzeichen „G" für Gründung, „A" für Außen, „I" für Innen und „O" für Oben. Zur besseren Übersicht sind beide Teile des Identifikators durch einen Punkt getrennt.

In Abbildung 4.19 ist die Zuordnung der Bauteilsysteme zu der Nachbarschaftsrelation der Nutzungsbereiche gezeigt. Zusätzlich zu den Bauteilsystemen an den Berührungsstellen der Nutzungsbereiche sind die Bauteilsysteme im Innern der Nutzungsbereiche aufgenommen.

	KG	EG	1.OG	2.OG	DG	TP	V1	V2	BG	LU
KG	KG.I									
EG	KG.O	EG.I								
1.OG		EG.O	1.I							
2.OG			1.O	2.I						
DG				2.O	DG.I					
TP	TP.I	TP.I	TP.I	TP.I	TP.I					
V1	V1.I	V1.I	V1.I	V1.I	V1.I					
V2	V2.I	V2.I	V2.I	V2.I	V2.I					
BG	KG.A KG.G					TP.G TP.A				
LU	KG.A	EG.A	1.A	2.A	DG.A DG.O	TP.A				

Abbildung 4.19:
Bauteilsysteme und Nutzungsbereiche

Die Darstellung in Abbildung 4.19 zeigt, dass zur Abgrenzung der Versorgungsschächte von den Geschossen und zur Abgrenzung des Treppenhauses von den Geschossen jeweils ein durchgehendes Bauteilsystem gewählt wurde. Ebenso wird deutlich, dass an einer Berührungsstelle mehr als ein Bauteilsystem erforderlich sein kann. Die Abgrenzung des Kellergeschosses vom Baugrund erfordert eine Bodenplatte und eine Außenwand, das Treppenhaus verfügt ebenso über zwei Systeme an den Berührungsstellen zum Baugrund, den Streifenfundamenten und der Außenwand, und das Dachgeschoss ist einerseits über das Satteldach und andererseits über Außenwände von der Luft abgegrenzt.

Bezug zur technischen Bearbeitung: Die Beschreibung des Bauwerks durch die aufeinander abgestimmten Beschreibungen der Nutzungsbereiche und der Bauteilsysteme kann für die technische Bearbeitung eines Bauprojektes sinnvoll genutzt werden. Die Menge der Nutzungsbereiche kann als Grundlage zur Erstellung eines Raumbuchs dienen, indem die einzelnen Nutzungsbereiche weiter untergliedert werden. Die Menge der Bauteilsysteme kann für die Objektplanung und die Fachplanungen wie Tragwerksplanung, TGA-Planung, Fassadenplanung etc. genutzt werden.

Der Vorteil bei der Benutzung sowohl der Menge der Nutzungsbereiche als auch der der Bauteilsysteme liegt darin, dass sowohl bei der technischen als auch bei der baubetrieblichen und betriebswirtschaftlichen Projektbearbeitung dieselben Begriffe und Unterteilungen des Bauwerks verwendet werden. Dies führt dazu, dass die Zugehörigkeit der im Einzelnen auszuführenden technischen und betriebswirtschaftlichen Arbeiten erhalten bleibt. Innerhalb des Projektes existiert somit eine verbindliche und abgestimmte Struktur.

4.6.2 Kalkulation

Leistungsverzeichnis: Im Bauwesen geben teilweise Bauherrn ein Leistungsverzeichnis vor, auf dessen Grundlage der Vertrag zu schließen ist. In diesem Leistungsverzeichnis des Bauherrn sind Tätigkeiten und Materialien beschrieben, wobei teilweise die entsprechenden Mengen den beigefügten technischen Zeichnungen zu entnehmen sind. Einheitspreise, die Verkaufspreise des Unternehmens, sind einzusetzen.

Das Leistungsverzeichnis des Bauherrn enthält jedoch in der Regel die Tätigkeiten nicht im erforderlichen Grad an Detaillierung, der zur Kalkulation notwendig ist. Daher ist es erforderlich, aus einem gegebenen Leistungsverzeichnis die Bautätigkeiten abzuleiten, die für das zu erstellende, zu verändernde oder rückzubauende Bauwerk erforderlich sind. Das Leistungsverzeichnis ist hierbei eine Klasseneinteilung in der Menge von Bautätigkeiten, die für das jeweilige Bauwerk aufzustellen ist.

Aus den Stammdaten des Unternehmens müssen somit die für das betrachtete Bauwerk erforderlichen Bautätigkeiten bestimmt werden. Hierbei ist es jedoch möglich, dass bei der Bearbeitung des Bauprojektes, dessen Gegenstand das Bauwerk ist, eine Bautätigkeit mehrfach auszuführen ist. Aus diesem Grund wird ein neues Element eingeführt, mit dem die Bautätigkeiten, die an einem bestimmten Bauwerk auszuführen sind, beschrieben werden. Das Element wird eingeführt als:

$$bt_P \in \{(b_N, a, bt)|\ b_N \in K, a \in K, bt \in BT_S\}$$

Es besteht aus einem Bezeichner b_N, der Art der Bautätigkeit a und einer Bautätigkeit bt.

Ein Bauherr kann Positionen des Leistungsverzeichnisses als Normal-, Alternativ- oder Eventualpositionen kennzeichnen. Dies wird als Art der Bautätigkeit bezeichnet und durch eine Zeichenkette beschreiben. Die Art der Bautätigkeit ist unter anderem im Zusammenhang mit der Berechnung der Angebotssumme erforderlich, da bei dieser Berechnung die verschiedenartig gekennzeichneten Positionen unterschiedlich zu berücksichtigen sind.

Leistungsverzeichnis des Bauherrn:

Pos. 1:   Ein- und Ausschalen Fundament   5.50 m²
Pos. 2:   Einbau Beton   1.25 m³

Bautätigkeiten, die am betrachteten Bauwerk im Projekt auszuführen sind:

BT_P = { („1", „Normal", („Einschalen",   { } , „Fundament"))
　　　　 („2", „Normal", („Ausschalen",   { } , „Fundament"))
　　　　 („3", „Normal", („Betonieren", { „B25" } , „Fundament")) }

Bildung von Teilmengen und Zuordnung zu den Positionen des Leistungsverzeichnisses:

{ „1", „2" } → Pos. 1
{ „3" }   → Pos. 2

Abbildung 4.20: Bautätigkeiten und Leistungsverzeichnis

Im Bauwesen ist es möglich, abweichend vom Leistungsverzeichnis des Bauherrn Sondervorschläge zu unterbreiten. Dementsprechend müssen Mengen an Bautätigkeiten parallel bearbeitbar sein, wobei einige Bautätigkeiten identisch und andere in ihrer Anzahl und in ihrem Inhalt unterschiedlich sind.

Beispiel: Betrachtet wird das in Abbildung 4.20 gezeigte Leistungsverzeichnis des Bauherrn, das aus zwei Positionen besteht, die beide Normalpositionen sind. Es ist erforderlich, dass die am Bauwerk auszuführenden Bautätigkeiten vorliegen. Teilmengen dieser Menge von Bautätigkeiten müssen den einzelnen Positionen des Leistungsverzeichnisses des Bauherrn zugeordnet sein.

Die am betrachteten Bauwerk auszuführenden Bautätigkeiten sind in Abbildung 4.20 gezeigt. Sie basieren auf der in Abbildung 4.8 gezeigten Menge von Bautätigkeiten, die im Unternehmen als Stammdaten beschrieben sind. Darüber hinaus zeigt Abbildung 4.20 die gebildeten Teilmengen sowie die Zuordnung der Teilmengen zu den Positionen des Leistungsverzeichnisses.

Preisbildung: Bei der Bildung der Preise ist zu unterscheiden zwischen den Beträgen, die zur Herstellung aufgewendet werden, und den Beträgen, zu denen verkauft wird. Diese Unterscheidung ist u.a. zur Erfüllung der gesetzlichen Vorschriften erforderlich, da beispielsweise bei nicht abgerechneten Bauvorhaben die Herstellungskosten auszuweisen sind. Zur Preisbildung wird dementsprechend ein geordnetes Paar eingeführt als (h, v), dessen erste Komponente den Betrag beschreibt, der zur Herstellung aufzuwenden ist, und dessen zweite Komponente den Betrag beschreibt, zu dem verkauft wird oder werden soll.

Bei der Bildung der Preise können – je nach den Belangen des jeweiligen Unternehmens – mehrere geordnete Paare erforderlich sein. Wenn beispielsweise unterschieden werden soll zwischen Lohn, Maschinen und Geräten, Fremdleistungen und Sonstigem, müssen vier Paare in der Preisbildung eingeführt werden.

In den vorliegenden Modellen wird in der Preisbildung lediglich unterschieden zwischen Lohn und Sonstigem. Dementsprechend wird die Preisbildung eingeführt als:

$$pb \in \{(b_N, (h_l, v_l), (h_s, v_s)) | \ b_N \in K, (h_l, v_l), (h_s, v_s) \in Q_0^+ \times Q_0^+\}$$

Eine Preisbildung wird durch die Zeichenkette b_N benannt und identifiziert. Das erste Paar beschreibt die Beträge für Lohn, das zweite Paar die Beträge für alle sonstigen Dinge wie Materialien und Einbauteile, Maschinen und Geräte, Fremdleistungen etc. Die erste Komponente eines jeden Paars sind die Beträge, die zur Herstellung aufzuwenden sind, die zweite Komponente sind die Verkaufspreise.

Bei der Einführung der Preisbildung wird bewusst nicht der Ausdruck „Kosten" verwendet. Der Grund hierfür ist, dass es für den Kostenbegriff in der Betriebswirtschaftslehre mehrere Definitionen gibt, die sich teilweise von dem im Baubetrieb üblicherweise verwendeten Kostenbegriff unterscheiden.

Zur Vereinfachung wird in den vorliegenden Modellen auf die Einführung der Währungseinheiten verzichtet.

Beispiel: Betrachtet wird das Herstellen eines Fundamentes. Der Lohnpreis für die Tätigkeit „Einschalen" beträgt EUR 24,75. Dies ist die Bewertung entsprechend der Regeln des HGB. Angeboten und verkauft wird das Einschalen für EUR 49,50. Der Preis für die Schalung beträgt EUR 27,50. Die Schalung wird für EUR 28,– angeboten. Weitere Preise sind nicht zu berücksichtigen.

Der Beton wird zu einem Preis von EUR 93,75 bezogen und für einen Preis von EUR 95,– angeboten. Die nach HGB anzusetzenden Herstellungskosten für Lohn beim Einbau des Betons betragen EUR 7,50. Angeboten wird mit einem Preis von EUR 15,–.

$$pb_1 = („1“, \quad (24.75, \quad 49.50), \quad (27.50, \quad 28.00))$$
$$pb_2 = („2“, \quad (7.50, \quad 15.00), \quad (93.75, 95.00))$$
$$pb_3 = („3“, \quad (8.25, \quad 16.50), \quad (0.00, \quad 0.00))$$

Abbildung 4.21:
Preisbildungen

Der Lohn beim Ausschalen ergibt einen Betrag von EUR 8,25. Es wird für EUR 16,50 angeboten. Sonstige Preise fallen nicht an, da die Miete für die Schalung schon beim Einschalen berücksichtigt wurde. Die Preisbildungen sind in Abbildung 4.21 gezeigt.

Angebot: Ein geordnetes Paar heißt Angebot, wenn die erste Komponente Element einer Menge von an einem Bauwerk in einem Projekt auszuführender Bautätigkeiten und die zweite Komponente Element einer Menge von Preisbildungen ist. Eine Menge von Angeboten AB_P wird gebildet, indem Angebote spezifiziert und in eine Menge eingetragen werden. Die Angebotsmenge wird für ein Projekt aufgebaut. Sie ist eine Relation zwischen den Mengen der Bautätigkeiten und Preisbildungen.

Die Angebotsmenge wird nicht mit allen Informationen, die sie enthält, dem Bauherrn zur Verfügung gestellt. In der Regel werden ausschließlich die Verkaufspreise weitergegeben, wobei dem Bauherrn hierbei nicht die Preise einzeln für Lohn und Sonstigem sondern als Summe genannt werden. Die Summe wird zusätzlich durch die im Leistungsverzeichnis genannte Menge dividiert und kann als Einheitspreis Gegenstand des Vertrages werden.

Voraussetzung für das Erzeugen einer Angebotsmenge ist, dass die Menge von Bautätigkeiten und die Menge von Preisbildungen für das betrachtete Projekt vorliegen. Die Angebotsmenge wird spezifiziert, indem die Relation zwischen diesen Mengen spezifiziert wird. Ist die Relation linkstotal, so ist für jede Bautätigkeit ein Preis festgelegt.

In der Regel ist es nicht möglich, die Menge von Preisbildungen vor dem Aufstellen des Angebots zu spezifizieren. Es ist vielmehr zweckmäßig, die Preisbildung für eine Bautätigkeit zu spezifizieren und somit die Relation parallel zur Spezifikation der Preisbildungen aufzustellen.

Hierbei ist es erforderlich, dass der Bezug zwischen der Bautätigkeit und den Bauverfahren, nach denen die Bautätigkeit ausgeführt werden kann, sowie, falls erforderlich, der Bezug zwischen dem potentiellen Nachunternehmer und der Bautätigkeit bekannt ist. Dies ist erforderlich, da über diese Beziehung zu den Bauverfahren die Aufwandswerte bzw. bei den Nachunterneh-

Bautätigkeiten, die am betrachteten Bauwerk im Projekt auszuführen sind:

BT_P = { („1", „Normal",   („Einschalen",   {   } ,   „Fundament"))

(„2", „Normal",   („Ausschalen",   {   } ,   „Fundament"))

(„3", „Normal",   („Betonieren",   { „B25" } ,   „Fundament")) }

Menge von Preisbildungen:

PB_P = { („1", (24.75,   49.50), (27.50,   28.00)),

(„2", (7.50,   15.00), (93.75,   95.00)),

(„3", (8.25,   16.50), (0.00,   0.00)) }

Angebotsmenge:

AB_P = { (Bautätigkeit „1", Preisbildung „1"),

(Bautätigkeit „2", Preisbildung „3"),

(Bautätigkeit „3", Preisbildung „2") }

Abbildung 4.22: Angebotsmenge

mern hierüber die Preise abzufragen sind. Die Aufwandswerte sind für die Durchführung der Kalkulation ebenso wie die Preise der Nachunternehmer erforderlich. Die Aufwandswerte werden zusammen mit der Planung der Kapazitäten zur Berechnung des Bedarfs an Zeit beim Einsatz von Maschinen und Geräten verwendet. Über den Zeitbedarf lassen sich die entsprechenden Preise bestimmen, wenn beispielsweise die Angaben der BGL zugrunde gelegt werden. Diese Angaben wie monatlicher Satz für Abschreibung und Verzinsung sowie Reparatur können in die Stammdaten der Maschinen und Geräte entsprechend dem in Abschnitt 4.3 beschriebenen Vorgehen mit aufgenommen werden.

Es ist zweckmäßig, in einer Angebotsmenge Klasseneinteilungen einzuführen. Dies ist beispielsweise erforderlich, um Preise für fachlich zusammenhängende Bautätigkeiten berechnen zu können. Eine Angebotsmenge kann so klassifiziert werden, dass die Bautätigkeiten eines Gewerkes in einer Klasse zusammengefasst werden. Eine Auswertung der einzelnen Klassen ermöglicht es dann, Preise gewerkeweise zu bestimmen.

Beispiel: In Abbildung 4.22 ist eine Angebotsmenge mit ihren Elementen gezeigt. Das Angebot beschreibt die Herstellung eines Fundaments aus unbe-

wehrtem Beton. Die Mengen der Bautätigkeiten und der Preisbildungen sind
ebenso gezeigt. Es sind die Mengen, die in den Abbildungen 4.20 und 4.21
bereits vorgestellt wurden.

Die durch die gezeigte Angebotsmenge aufgestellte Relation ist linkstotal.
Alle Bautätigkeiten wurden erfasst. Darüber hinaus ist die Relation in diesem
Beispiel auch rechtstotal.

4.7 Betriebsdaten

Die Betriebsdaten, die in einem Bauunternehmen erfasst werden, sind projektspezifisch. Dementsprechend werden die im Folgenden vorgestellten
Mengen für jedes Projekt einzeln aufgestellt.

4.7.1 Tätigkeitsnachweise

Die Frage, was als Tätigkeitsnachweis eingeführt wird, ist wesentlich für die
weitere Verwendung dieser Informationen. Im Folgenden wird als Tätigkeitsnachweis ein 4-Tupel eingeführt, das aus einem Bezeichner, einer Tätigkeit,
einem Bauteilsystem und einer im Rechner darstellbaren rationalen Zahl
größer gleich Null besteht:

$$tn \in \{(b_N, tk, bs, z)\mid b_N \in K, tk \in TK_S, bs \in BS_S, z \in Q_0^+\}$$

Die rationale Zahl gibt an, wie viel Zeit für die Durchführung der angegebe-
nen Tätigkeit aufgewendet wurde.

Die minimale Information, die ein Tätigkeitsnachweis haben muss, ist der
Zeitbedarf, auf dessen Grundlage die Tätigkeit nachgewiesen wird und Lohnzahlungen berechnet werden können. Werden darüber hinaus die Tätigkeiten selbst spezifiziert, so kann der Zeitbedarf für jede Tätigkeit berechnet
werden, die im jeweiligen Projekt ausgeführt wurde. Diese Information allein
ist jedoch nicht aussagekräftig, da der Zeitbedarf für Tätigkeiten von anderen
Gegebenheiten wesentlich beeinflusst wird. Es ist viel aufschlussreicher, die
Tätigkeiten zusammen mit den Bauteilsystemen zu erfassen, an denen sie
durchgeführt wurden. Hierüber lassen sich Aussagen treffen, wie der Zeitbedarf beispielsweise für das Mauern von Wänden oder Stützen bei der Durchführung eines Bauprojektes war.

Die Erfassung der Tätigkeitsnachweise, so wie sie im vorliegenden Fall eingeführt wurden, ist für die Bestimmung der Aufwandswerte jedoch noch nicht
ausreichend. Zur Bestimmung der Aufwandswerte müssen Zeiten bei der
Durchführung bestimmter Bautätigkeiten zusätzlich unter Berücksichtigung
des jeweiligen Bauverfahrens erfasst werden. Dies ist eine Aufgabe der Verfahrenstechnik im Bauwesen.

Tätigkeitsnachweise müssen nicht zwingend eindeutig identifizierbar sein.
Wenn beispielsweise ein Arbeiter zwei Fundamente hintereinander einschalt
und für jedes der Fundamente die gleiche Zeit benötigt, so müssen diese
beiden Tätigkeitsnachweise nicht zwingend voneinander unterscheidbar sein.

Es ist jedoch für den Betrieb eines Bauunternehmens zweckmäßig, Identifikatoren für den Tätigkeitsnachweis einzuführen, um im Bedarfsfall eindeutig
sagen zu können, wann welche Tätigkeit ausgeführt wurde. Ein einfacher
Identifikator ist eine Kombination aus Zeitpunkt des Beginns der Tätigkeit
und dem Mitarbeiter, der die Tätigkeit ausgeführt hat. Zur Identifikation
wird in der vorliegenden Beschreibung die Zeichenkette b_N verwendet, die
als Bezeichner dient.

Eine Menge von Tätigkeitsnachweisen TN_P wird für jedes Bauprojekt erzeugt.
Dies ist erforderlich, damit im Unternehmen die Tätigkeiten den einzelnen
Bauvorhaben zugeordnet werden und für das jeweilige Vorhaben abgerechnet
werden können.

Zur Auswertung einer vorhandenen Menge von Tätigkeitsnachweisen ist es
erforderlich, die Menge im Hinblick auf zwei Kriterien zu klassifizieren. Die
erste Klasseneinteilung basiert auf der Aussage, wer die entsprechende Tätigkeit veranlasst hat. Die zweite Klassifikation basiert auf der Aussage, wer
die Tätigkeit ausgeführt hat. Veranlasser der Tätigkeit kann nur eine organisatorische Einheit des Unternehmens bzw. ein von dieser Einheit Bevoll-
mächtigter sein. Die Ausführung einer Tätigkeit kann entweder von einem
Mitarbeiter des Unternehmens oder einem externen Geschäftspartner, einem
Nachunternehmer vorgenommen werden.

Beispiel: Herr Müller schalt ein Streifenfundament ein. Das Fundament
ist Gegenstand des in Abbildung 4.17 schematisch dargestellten Bauwerks
und wird durch den Bezeichner „TP.G" identifiziert. Herr Müller führt die
Tätigkeit aus, weil ihn der Polier der Baustelle A dazu aufgefordert hat. Der
Veranlasser der Tätigkeit ist somit Baustelle A. Herr Müller ist als Betonbauer
im Unternehmen beschäftigt. Er benötigt für die Tätigkeit 1.5 h. Der Tätigkeitsnachweis („1", „Einschalen", („TP.G", „Streifenfundament"), 1.5) wird
spezifiziert.

4.7.2 Materialnachweise

Als Nachweis für die Lieferung eines Materials oder Einbauteils wird ein 4-Tupel eingeführt:

$$mn \in \{(b_N, me, a, p) \mid b_N \in K, me \in ME_S, a, p \in Q_0^+\}$$

Die Zeichenkette beinhaltet einen Bezeichner, das Material oder Einbauteil selbst wird beschrieben, die erste rationale Zahl beschreibt die Anzahl des Materials bzw. der Einbauteile, die zweite Zahl beschreibt den Preis, der für das Material zu zahlen ist.

Zur Vereinfachung wird in der Beschreibung auf die Einführung der Einheiten für die Anzahl und für den Preis verzichtet. Es wird davon ausgegangen, dass die Anzahl in der Maßeinheit des Materials angegeben wird. Ebenso wird davon ausgegangen, dass für den Preis dieselbe Währungseinheit wie die für die Beträge der Geschäftsvorfälle und die der Preisbildung verwendet wird.

Die Elemente einer Menge von Materialnachweisen müssen eindeutig identifizierbar sein. Dies ist erforderlich, um im Bedarfsfall eindeutig nachweisen zu können, welches Material wann von wem geliefert wurde. Ein einfacher Identifikator ist eine Kombination aus dem Zeitpunkt der Lieferung des Materials und dem Geschäftspartner, der das Material geliefert hat. Teilweise existieren sogar Vorschriften, wie Materialien zu erfassen sind. Ein Beispiel sind Betoniertagebücher, in denen das Material Beton erfasst wird. In der vorliegenden Beschreibung wird der Bezeichner b_N zur Identifikation verwendet.

Eine Menge von Materialnachweisen MN_P wird für jedes Bauprojekt erzeugt. Dies ist erforderlich, damit das Bauunternehmen Materiallieferungen entsprechend den Bauprojekten zuordnen und für diese abrechnen kann.

Zur Auswertung einer vorhandenen Menge an Materialnachweisen ist es erforderlich, die Menge auf der Grundlage von zwei Kriterien in Klassen einzuteilen. Die erste Klasseneinteilung basiert auf der Aussage, wer die Lieferung des Materials bzw. des Einbauteils veranlasst hat. Die zweite Klasseneinteilung basiert auf der Aussage, welcher Geschäftspartner das Material geliefert hat.

Beispiel: Auf Baustelle A werden 1.5 m^3 Beton B25 angeliefert. Laut Lieferschein ist für diese Lieferung ein Preis von EUR 97,50 zu zahlen. Der Polier nimmt den Beton an und spezifiziert den Materialnachweis („1", „B25", 1.5, 97,50).

Baustelle A hat diese Lieferung veranlasst. Der Beton wird von der Steinmann GmbH geliefert. In die Menge der Materialnachweise wird entsprechend ein Element eingetragen. Dieses Element ist entsprechend des Kriteriums „Veranlasser" in der Klasse Baustelle A, entsprechend des Kriteriums „betroffener Geschäftspartner" in der Klasse Steinmann GmbH.

4.7.3 Aufmaß

Zur Dokumentation von Bauvorhaben wird das Aufmaß eingeführt als:

$$am \in \{(b_N, a, bs_B)|\ b_N \in K, a \in Q_0^+, bs_B \in BS_B\}$$

Das Aufmaß besteht aus einem Bezeichner, einer rationalen Zahl größer gleich Null und dem Bezeichner eines Bauteilsystems des im Rahmen des Projektes zu bearbeitenden Bauwerks. Der Bezeichner ist zur Identifikation der Aufmaße erforderlich. Die rationale Zahl dokumentiert eine Anzahl an eingebauten Materialien oder Einbauteilen, der Bezeichner des Bauteilsystems den Einbauort.

Aufmaße müssen nicht zwingend eindeutig identifizierbar sein. Wenn beispielsweise zwei von den Abmessungen her gleiche Fundamente desselben Bauteilsystems hergestellt werden, ist es egal, welches Fundament mit welchem Aufmaß erfasst wird. Für den Betrieb eines Bauunternehmens ist es jedoch zweckmäßig, Aufmaße eindeutig identifizieren zu können. Zur Identifikation wird in der vorliegenden Beschreibung der Bezeichner verwendet.

Eine Menge von Aufmaßen AM_P wird für jedes Bauprojekt erzeugt. Dies ist erforderlich, damit das Bauunternehmen das entsprechende Bauprojekt abrechnen kann. Wenn eine Menge von Aufmaßen zur Abrechnung von Akkordlöhnen genutzt werden soll, ist es erforderlich, die Menge in Klassen einzuteilen. Diese Klassifikation basiert auf der Aussage, wer der vom Aufmaß betroffene Mitarbeiter oder Geschäftspartner ist.

Beispiel: Zusammen mit dem Bauherrn wird festgestellt, dass ein Fundament des in Abbildung 4.17 schematisch dargestellten Bauwerks fertig gestellt wurde. Das Fundament ist Teil des Systems „G.TP". Es hat ein Volumen von $1.25\ m^3$ und eine Schalfläche von $5.50\ m^2$. Der Polier spezifiziert das Aufmaß („1", 1.25, („TP.G", „Streifenfundament")) für das Volumen und das Aufmaß („2", 5.50, („TP.G", „Streifenfundament")) für die Schalfläche.

4.7.4 Abrechnung

Die Abrechnung wird als Element des kartesischen Produktes der Menge von Aufmaßen und der Angebotsmenge eingeführt:

$$ar \in AM_P \times AB_P$$

Die Einführung der Abrechnung ist erforderlich, da das Aufmaß allein zur Rechnungsstellung nicht ausreicht. Einerseits fehlt der Bezug zu den Materialien und Einbauteilen, andererseits fehlt der Bezug zu den Preisen. Beide Beziehungen sind durch die Relation gegeben.

Eine Menge von Aufmaßen muss zur Bildung einer Menge von Abrechnungen gegeben sein. Das Erzeugen einer Menge von Abrechnungen kann parallel bei der Spezifikation der Aufmaße erfolgen. Die Relation gibt an, zu welchem Angebot das jeweilige Aufmaß in Relation steht. Für eine Menge von Abrechnungen AR_P gilt, $AR_P \subset AM_P \times AB_P$.

Innerhalb einer gegebenen Relation zwischen einer Menge von Aufmaßen und einer Angebotsmenge ist es nicht erforderlich, weitere Relationen aufstellen zu können. Es ist lediglich hilfreich, die gegebene Relation selbst zu prüfen. Wenn die Relation rechtstotal ist, dann wurden alle Angebote durch ein Aufmaß erfasst. Diese Eigenschaft der Relation ist jedoch nicht hinreichend für die gesamte Abrechnung eines Angebots. Die vorgestellte Abrechnung kann ebenso dafür verwendet werden, Bauzustände abzurechnen, wenn mit dem entsprechenden Aufmaß nur ein Bauzustand erfasst wird.

Beispiel: In Abbildung 4.23 ist eine Menge von Abrechnungen gezeigt. Die Menge ist erstellt für das in Abbildung 4.17 schematisch dargestellte Bauwerk. Zur besseren Übersicht sind die Bautätigkeiten, die zum Herstellen eines Fundaments erforderlich sind, mit dargestellt. Ebenso ist die für diese Bautätigkeiten erforderliche entsprechende Angebotsmenge gezeigt.

Die Menge von Aufmaßen umfasst das Volumen und die Schalfläche des Fundamentes. Die Aufmaße beziehen sich auf das System Streifenfundament des Treppenhauses. Die Menge der Abrechnungen zeigt die vollständige Abrechnung des Fundamentes.

Bautätigkeiten, die am betrachteten Bauwerk im Projekt auszuführen sind:

BT_P = { („1", „Normal", („Einschalen",   {   } ,   „Fundament"))

           („2", „Normal", („Ausschalen",   {   } ,   „Fundament"))

           („3", „Normal", („Betonieren",   { „B25" } ,   „Fundament")) }

Menge von Preisbildungen:

PB_P = { („1", (24.75,   49.50) , (27.50,   28.00)) ,

           („2", (7.50,   15.00) , (93.75,   95.00)) ,

           („3", (8.25,   16.50) , (0.00,   0.00))   }

Angebotsmenge:

AB_P = { (Bautätigkeit „1", Preisbildung „1") ,

           (Bautätigkeit „2", Preisbildung „3") ,

           (Bautätigkeit „3", Preisbildung „2") }

Menge von Abrechnungen:

AR_P = { ((„1", 1.25 , („TP.G", „Streifenfundament")) , (Bautätigkeit „1", Preisbildung „1")) ,

           ((„1", 1.25 , („TP.G", „Streifenfundament")) , (Bautätigkeit „2", Preisbildung „3")) ,

           ((„2", 5.50 , („TP.G", „Streifenfundament")) , (Bautätigkeit „3", Preisbildung „2")) }

Abbildung 4.23: Menge von Abrechnungen

4.8 Zusammenfassung

Die vorgestellten Informationsmodelle beschreiben die Informationen eines Bauunternehmens mit ihren Eigenschaften in einer Struktur, die unabhängig ist von den im Einzelnen durchzuführenden Aufgaben. Damit ist eine Grundlage vorhanden, auf der die Informationen durchgängig für die Aufgaben eines Unternehmens verwendet werden können. Informationen müssen nicht zwischen verschiedenen Strukturen transformiert werden. Eine erneute Erfassung der Informationen wird vermieden. Die Informationen selbst sind dabei aufgeteilt in Informationen, die sich mit der Zeit nur geringfügig ändern, und in Informationen, die ständigen Änderungen unterworfen sind.

Die Informationen, die sich mit der Zeit nur geringfügig ändern, werden auch als Stammdaten bezeichnet. Dies sind Informationen über die Mitarbeiter MA_S, Informationen über Maschinen und Geräte MG_S, Informationen über Materialien und Einbauteile ME_S sowie deren Zusammenfassungen MM_S entsprechend der Überlegung, welche Materialien und Einbauteile für welche Tätigkeit zusammen verwendet werden, Informationen über Geschäftspartner GP_S, Informationen über Bauteilsysteme BS_S und Nutzungsbereiche NB_S, Informationen über Tätigkeiten TK_S und die Beziehung zwischen Mitarbeitern und Tätigkeiten MT_S sowie Informationen über Bautätigkeiten BT_S.

Die Informationen, die ständigen Änderungen unterworfen sind, lassen sich einteilen in Informationen des Unternehmens und Informationen der Projekte. Zu den Informationen des Unternehmens gehören die Dokumentation der Geschäftsvorfälle DG_U und Informationen über die Bauverfahren BV_U. Zu den Informationen der Projekte gehören die Beschreibung der Bautätigkeiten BT_P, die Preisbildungen PB_P und das darauf aufbauende Angebot AB_P, die Betriebsdaten bestehend aus den Nachweisen über Tätigkeiten TN_P, Materialien und Einbauteilen MN_P und Aufmaßen AM_P, die Abrechnungen AR_P sowie die Beschreibungen des Bauwerks bestehend aus den Nutzungsbereichen NB_B und den Bauteilsystemen BS_B.

Die Informationsmodelle sind eine wesentliche Grundlage für den Betrieb eines Unternehmens. Durch ihre Beschreibung ist die Struktur der Informationen festgelegt. Für die Bearbeitung der einzelnen Aufgaben im Unternehmen müssen diese Strukturen bekannt sein, da bei der Bearbeitung der Aufgaben Informationen erzeugt, gelesen, geändert oder gelöscht werden. Für die Betrachtung der Aufgaben ist somit eine wesentliche Voraussetzung geschaffen.

5 Prozesse und Informationen

5.1 Allgemeines

Der Begriff „Prozess" wurde in verschiedenen Fachgebieten definiert. In den folgenden Betrachtungen wird der Begriff „Prozess" in seiner Definition als „Geschäftsprozess" verwendet, unter dem man eine „zusammengehörende Abfolge von Unternehmensverrichtungen zum Zweck einer Leistungserstellung" [Scheer 1998, S. 3] versteht. Der Begriff bleibt dabei nicht beschränkt auf betriebswirtschaftliche Betrachtungen. Technische und baubetriebliche Verrichtungen im Unternehmen werden mit einbezogen.

Prozesse werden nach dem Verständnis der Wirtschaftsinformatik „durch das Eintreten von einem oder mehreren Ereignissen initiiert und enden mit dem Erreichen einer oder mehrerer Endzustände" [Mertens 1997, S. 334]. Nach diesem Verständnis können Prozesse gleichgesetzt werden mit dem in DIN 69900-1 definierten Vorgang, der ein Geschehen mit definiertem Anfang und Ende beschreibt. Damit lassen sich Prozesse entsprechend den Regeln der Netzplantechnik beschreiben. Die Netzplantechnik basiert auf der Graphentheorie, deren mathematische Grundlagen die Mengen- und Relationenalgebra bilden.

Die im Folgenden betrachteten Prozesse beschreiben die Aufgaben eines Unternehmens, das die Ausführung von Bauarbeiten am Markt anbietet und durch eigene Mitarbeiter durchführen kann. In den Prozessen ist berücksichtigt, dass Nachunternehmer für die Ausführung bestimmter Bauarbeiten eingesetzt werden können. Erweiterungen wie beispielsweise die Abbildung der speziellen Form der Zusammenarbeit in Arbeitsgemeinschaften können nach demselben Vorgehen vorgenommen werden.

In den vorliegenden Betrachtungen werden die Aufgaben als Elemente der Menge der in einem Unternehmen möglicherweise zu bearbeitenden Aufgaben eingeführt. Darüber hinaus wird eine Menge möglicher Ereignisse eingeführt und betrachtet. Die Elemente dieser Menge beschreiben fachlich die Ereignisse, die in einem Unternehmen auftreten können. Ereignisse führen zur Bearbeitung der Aufgaben und Aufgaben können ihrerseits Ereignisse auslösen. Zur Beschreibung dieser möglichen Beziehungen zwischen Ereignissen und Aufgaben werden Relationen zwischen der Menge der Ereignisse und der Menge der Aufgaben eingeführt. Das Gebilde aus der Menge der Aufgaben, der Menge der Ereignisse und den Relationen zwischen diesen Mengen beschreibt die möglichen Prozesse, die im Unternehmen ablaufen können.

Die graphische Darstellung der Aufgaben, Ereignisse und der Relationen zwischen diesen erfolgt mit den in [Scheer 1998] vorgeschlagenen Symbolen. Ereignisse werden sechseckig umrandet, Aufgaben werden in Rechtecken mit abgerundeten Ecken dargestellt.

Zur Bearbeitung der Aufgaben können vorhandene Informationen genutzt, d.h. gelesen, geändert oder gelöscht sowie neue Informationen erzeugt werden. Dieser fachliche Zusammenhang zwischen Aufgaben und Informationen wird ebenso durch das Aufstellen von Relationen beschrieben. Hierbei werden die eingeführten Mengen von Informationen in ein Mengensystem eingetragen. Eine Relation wird aufgestellt zwischen der Menge von Aufgaben und diesem Mengensystem. Diese Relation besagt fachlich, ob es bei der Durchführung der Aufgabe vorkommen kann, dass mindestens ein Element in die entsprechende Menge neu eingetragen wird. Zwischen dem Mengensystem von Mengen von Informationen und der Menge von Aufgaben werden drei Relationen aufgestellt. Die Relationen besagen fachlich, ob es bei der Durchführung der Aufgabe vorkommen kann, dass mindestens ein Element der Menge gelesen, geändert oder gelöscht werden muss.

Das beschriebene Vorgehen führt zu einem Gebilde aus Mengen und Relationen. Dieses Gebilde wird betrachtet. Aussagen werden getroffen, die sich dementsprechend sowohl auf die modellierten Informationen als auch auf die Prozesse beziehen. Das Ziel ist es, die verschiedenen Modelle und ihre Beziehungen untereinander beurteilen zu können. Maßgeblich ist dabei die Frage, ob die Modelle eine verteilte und durchgängige Bearbeitung betriebswirtschaftlicher, baubetrieblicher und technischer Aufgaben in einem Unternehmen unterstützen können.

5.2 Geschäftsleitung

In der Geschäftsleitung werden in den vorliegenden Modellen ausschließlich Entscheidungen getroffen. Dementsprechend beinhaltet die Geschäftsleitung ausschließlich das Auslösen von Ereignissen. Diese Ereignisse beschreiben Entscheidungen über die Einstellung und Entlassung von Personal, Entscheidungen über den Kauf und Verkauf von Maschinen und Geräten sowie Entscheidungen im Zusammenhang mit der Bearbeitung von Angeboten und dem Abschluss eines Vertrags.

Im Einzelnen sind dies bei Entscheidungen über Personal die Ereignisse oder Anweisungen „Stelle Mitarbeiter ein", „Ändere Aufgaben eines Mitarbeiters" und „Entlasse Mitarbeiter". Bei Entscheidungen über Maschinen und Geräte sind dies die Ereignisse oder Anweisungen „Kaufe Maschine oder Gerät" und „Verkaufe Maschine oder Gerät". Bei Entscheidungen im Zusammenhang mit Bauaufträgen sind dies die Ereignisse oder Anweisungen „Erstelle Angebot" und „Vertrag unterzeichnet".

Entscheidungen im Hinblick auf die Beschaffung von Materialien und Einbauteilen werden nicht der Geschäftsleitung zugeordnet. Dies erfolgt mit der Überlegung, dass Materialien und Einbauteile nach Bedarf in den einzelnen Bauprojekten gekauft und verwaltet werden. Insofern ist das Eingreifen der Geschäftsleitung in diese Prozesse nicht erforderlich. Bei der übrigen Verwaltung der Ressourcen des Unternehmens ist dies jedoch erforderlich, da sie für die strategische Ausrichtung des Unternehmens von Bedeutung sind.

Diese strategische Ausrichtung ist verbunden mit der Frage, welche Bautätigkeiten das Unternehmen am Markt anbietet. Dementsprechend muss die Geschäftsleitung die Ereignisse bzw. Anweisungen „Erweitere Bautätigkeiten" und „Reduziere Bautätigkeiten" auslösen bzw. veranlassen. Die Ereignisse im Zusammenhang mit Mitarbeitern sowie Maschinen und Geräten wurden bereits genannt.

Neben den bereits genannten Entscheidungen muss die Geschäftsleitung die einzelnen Bereiche des Unternehmens anweisen, wann bestimmte regelmäßig wiederkehrende Aufgaben zu bearbeiten sind. Entsprechende Ereignisse müssen ausgelöst werden. Dies sind die Ereignisse wie „Dokumentiere Baufortschritt", „Erstelle Tätigkeitsnachweis" und „Erstelle Jahresabschluss". In einem Unternehmen existieren weitere Ereignisse, die regelmäßig ausgelöst werden. Ein Beispiel ist die Berechnung und anschließende Überweisung von Lohn und Gehalt an die Mitarbeiter. Diese weiteren Ereignisse sind jedoch für die Steuerung des Unternehmens von untergeordneter Bedeutung.

Sie ergeben sich überwiegend aus vertraglichen Zwängen und werden der Geschäftsleitung nicht zugeordnet. Wesentlich für die Führung eines Unternehmens kann es jedoch beispielsweise sein, die Dokumentation des Baufortschritts bestimmter Projekte explizit auszulösen, um über den aktuellen Stand informiert zu sein.

Die Ereignisse zur Erfassung gelieferter Materialien und Einbauteile werden nicht von der Geschäftsleitung ausgelöst. Der Grund hierfür ist, dass diese Ereignisse bei Eintreten innerhalb der jeweiligen Projekte zur Bearbeitung von Aufgaben führen.

Die Unternehmensgründung wird in der vorliegenden Beschreibung nicht weiter behandelt. Sie ist ein einmaliges Ereignis und kann reduziert werden auf das Erfassen von Einlagen, die bei der Gründung von den Gesellschaftern geleistet werden. Alle weiteren Ereignisse sind ebenso für die normale Geschäftstätigkeit erforderlich.

5.3 Verwaltung und Beschaffung

Die Aufgaben der Verwaltung und Beschaffung umfassen die Verwaltung des Personals, der Maschinen und Geräte sowie der Materialien und Einbauteile, die im Zusammenhang mit der Durchführung der Bauvorhaben benötigt werden.

Die Aufgaben selbst werden dabei zerlegt in einzelne Vorgänge oder Prozesse, die es zu bearbeiten bzw. abzuarbeiten gilt. Sie sind im Folgenden näher beschrieben.

5.3.1 Personalverwaltung
Aufgaben: Die im Einzelnen durchzuführenden Aufgaben der Personalverwaltung, die im direkten Zusammenhang mit den Mitarbeitern und ihrer Zugehörigkeit zum Unternehmen stehen, sind „Mitarbeiter einstellen", „Mitarbeiter entlassen", „Aufgaben des Mitarbeiters ändern" und „Mitarbeiter bezahlen".

Darüber hinaus muss für den Einsatz in den Projekten die Aufgabe „Verfügbarkeit prüfen" bearbeitet werden. Diese Aufgabe ist wesentlich, um Mitarbeiter in Bauprojekten einsetzen zu können. Sie ist ein Beispiel dafür, dass

Tabelle 5.1: Aufgaben und Informationen der Personalverwaltung

Aufgabe	steht in Relation zur Menge	Relation
Mitarbeiter einstellen	Mitarbeiter MA_S	erzeugen
	Mitarbeiter – Tätigkeit MT_S	erzeugen
Aufgaben des Mitarbeiters ändern	Mitarbeiter MA_S	lesen
	Mitarbeiter – Tätigkeit MT_S	ändern
Mitarbeiter entlassen	Mitarbeiter MA_S	löschen
	Mitarbeiter – Tätigkeit MT_S	löschen
Mitarbeiter bezahlen	Mitarbeiter MA_S	lesen
	Tätigkeitsnachweise TN_P	lesen
Beschreibung Tätigkeit erweitern	Tätigkeiten TK_S	erzeugen
	Mitarbeiter MA_S	lesen
	Mitarbeiter – Tätigkeit MT_S	erzeugen
Beschreibung Tätigkeit reduzieren	Tätigkeiten TK_S	löschen
	Mitarbeiter – Tätigkeit MT_S	löschen
Verfügbarkeit prüfen	Mitarbeiter MA_S	lesen

in den Informationsmodellen die zur Bearbeitung einer einzelnen Aufgabe erforderlichen Informationen nicht aufgenommen wurden. Zur Bearbeitung dieser Aufgabe müssen die Informationen über einen Mitarbeiter erweitert werden um Angaben, wo und wie lange der jeweilige Mitarbeiter im jeweiligen Projekt eingesetzt wird. Diese zusätzlichen Informationen werden jedoch nicht bei weiteren Aufgaben benötigt.

In der Personalverwaltung ist darüber hinaus zu erfassen und zu pflegen, welche Tätigkeiten im Unternehmen und von den jeweiligen Mitarbeitern ausgeführt werden können. Hierzu sind die Aufgaben „Beschreibung Tätigkeit erweitern" und „Beschreibung Tätigkeit reduzieren" zu bearbeiten.

Die Zuordnungen, bei welcher Aufgabe Informationen aus welcher Menge mit welchem Zugriff benötigt werden, sind in Tabelle 5.1 gezeigt.

Prozesse: Die Aufgabe „Mitarbeiter einstellen" wird ausgelöst durch das Ereignis „Stelle Mitarbeiter ein" und löst das Ereignis „Arbeitsvertrag unterzeichnet" aus. Die Aufgabe „Mitarbeiter entlassen" wird ausgelöst durch das Ereignis „Entlasse Mitarbeiter" und löst das Ereignis „Arbeitsvertrag gelöst" aus. Die Aufgabe „Aufgaben des Mitarbeiters ändern" wird ausgelöst durch das Ereignis „Ändere Aufgaben des Mitarbeiters".

Die Aufgabe „Mitarbeiter bezahlen" wird ausgelöst durch das Ereignis „Bezahle Mitarbeiter", das regelmäßig entsprechend der Arbeitsverträge vor dem 15. oder vor dem Ende eines Monats eintritt. Durch diese Aufgabe wird das Ereignis „Weise an Lohnzahlung" ausgelöst, das Aufgaben im Zusammenhang mit dem Zahlungsverkehr auslöst.

Die Pflege der Informationen über die Tätigkeiten und die Relation, welcher Mitarbeiter welche Tätigkeit ausführen kann, wird jeweils ausgelöst durch die Ereignisse „Erweitere Beschreibung Tätigkeit" und „Reduziere Beschreibung Tätigkeit". Die Aufgaben selbst enden ohne das Auslösen weiterer Ereignisse.

Das Überprüfen der Verfügbarkeit eines Mitarbeiters wird ausgelöst durch das Ereignis „Fordere Mitarbeiter an". Dieses Ereignis wird im Zusammenhang mit der Ausführung eines Projektes ausgelöst. Die Aufgabe selbst kann zu zwei Ereignissen führen, dem Ereignis „Entsende Mitarbeiter" oder dem Ereignis „Entsende Mitarbeiter nicht". In die Relation zwischen der Menge der Aufgaben und der Menge der Ereignisse werden beide Elemente, das Element („Verfügbarkeit prüfen", „Entsende Mitarbeiter") und das Element („Verfügbarkeit prüfen", „Entsende Mitarbeiter nicht") aufgenommen. Die zusätzliche Eigenschaft, dass bei einer konkreten Bearbeitung der Aufgabe nur eins der beiden Ereignisse ausgelöst werden kann, wird in der Relation selbst nicht erfasst.

5.3.2 Maschinen- und Geräteverwaltung
Aufgaben: Die Aufgaben der Maschinen- und Geräteverwaltung lassen sich einteilen in Aufgaben zur Beschaffung und zur internen Bereitstellung sowie in die Bewertung im Zusammenhang mit dem Erstellen des Jahresabschlusses.

Die Beschaffung umfasst das Kaufen, das Annehmen und das Anweisen zur Zahlung sowie das Verkaufen und das Abgeben im Sinne der Eigentumsübergabe. Die interne Bereitstellung umfasst das Mieten und Annehmen sowie das Vermieten und Abgeben, das Zurücknehmen vermieteter Maschinen und Geräte sowie das Stellen der Rechnung. Die sonstigen Aufgaben umfassen das Bewerten der Maschinen und Geräte. Die Aufgaben im Zusammenhang mit der Wartung werden nicht weiter betrachtet, da diese Aufgaben unabhängig vom operativen Geschäft regelmäßig durchgeführt werden können.

In den vorliegenden Prozessen wird davon ausgegangen, dass eine Maschine oder ein Gerät, das als Folge der Disposition in einem Bauprojekt angefordert

Tabelle 5.2: Aufgaben und Informationen der Maschinen- und Geräteverwaltung

Aufgabe	steht in Relation zur Menge	Relation
Maschine/Gerät kaufen	Maschinen und Geräte MG_S	erzeugen
	Geschäftspartner GP_S	erzeugen
	Geschäftspartner GP_S	lesen
Zahlung Kauf Maschine/Gerät anweisen	Maschinen und Geräte MG_S	lesen
	Geschäftspartner GP_S	lesen
Eigentum an Kauf Maschine/Gerät übernehmen	Maschinen und Geräte MG_S	lesen
	Geschäftspartner GP_S	lesen
Maschine/Gerät verkaufen	Maschinen und Geräte MG_S	lesen
	Geschäftspartner GP_S	erzeugen
	Geschäftspartner GP_S	lesen
Eigentum an Maschine/Gerät abgeben	Maschinen und Geräte MG_S	löschen
	Geschäftspartner GP_S	lesen
Maschine/Gerät mieten	Maschinen und Geräte MG_S	lesen
	Geschäftspartner GP_S	erzeugen
	Geschäftspartner GP_S	lesen
Gemietete Maschine/Gerät annehmen	Maschinen und Geräte MG_S	lesen
	Geschäftspartner GP_S	lesen
Gemietete Maschine/Gerät zurückgeben	Maschinen und Geräte MG_S	lesen
	Geschäftspartner GP_S	lesen
Maschine/Gerät vermieten	Maschinen und Geräte MG_S	lesen
	Geschäftspartner GP_S	erzeugen
	Geschäftspartner GP_S	lesen
Vermietete Maschine/Gerät abgeben	Maschinen und Geräte MG_S	lesen
	Geschäftspartner GP_S	lesen
Vermietete Maschine/Gerät zurücknehmen	Maschinen und Geräte MG_S	lesen
	Geschäftspartner GP_S	lesen
Rechnung für Vermietung Maschine/Gerät stellen	Maschinen und Geräte MG_S	lesen
	Geschäftspartner GP_S	lesen
Maschine/Gerät bewerten	Maschinen und Geräte MG_S	lesen

wird, verfügbar ist. Die Verfügbarkeit ist jedoch nicht eingeschränkt auf das Unternehmen selbst. Die Aufgaben im Zusammenhang mit dem Mieten sind so allgemein gehalten, dass auch von Fremdunternehmen gemietet werden kann. Ebenso sind die Aufgaben im Zusammenhang mit dem Vermieten so allgemein gehalten, dass auch ein Vermieten an externe Geschäftspartner möglich ist. Dies wird innerhalb der jeweiligen Aufgaben dadurch erreicht, dass der betroffene Geschäftspartner sowohl ein Externer als auch ein Interner sein kann.

Der erforderliche Zugriff auf Informationen zur Bearbeitung der einzelnen Aufgaben ist in Tabelle 5.2 gezeigt. Hierbei ist zu berücksichtigen, dass in einigen Fällen die Beziehung einer Aufgabe zu einer Menge von Informationen bei unterschiedlicher Bedeutung mehrfach auftauchen können. Wenn beispielsweise eine Maschine oder ein Gerät gekauft wird, so kann dies das erste Geschäft mit einem Geschäftspartner sein. In diesem Fall wird die Beziehung zur Menge der Geschäftspartner mit „erzeugen" belegt. Wenn der Geschäftspartner bekannt ist, so werden Informationen aus der Menge der Geschäftspartner gelesen.

Prozesse: Die möglichen Prozesse im Zusammenhang mit der Beschaffung sind in Abbildung 5.1 gezeigt. Die Prozesse beschreiben einerseits den Ablauf für den Kauf und andererseits den Ablauf für den Verkauf. Dabei ist zu berücksichtigen, dass die dargestellten Prozesse ausschließlich die Aufgaben

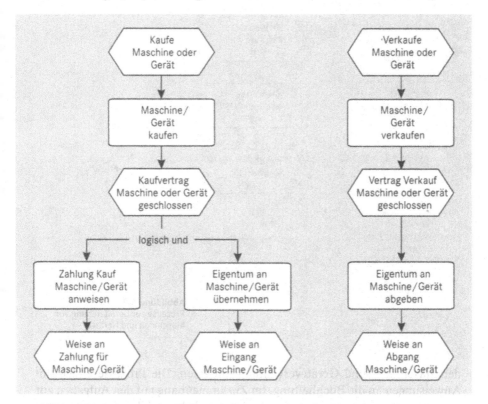

Abbildung 5.1: Prozesse zur Beschaffung von Maschinen und Geräten

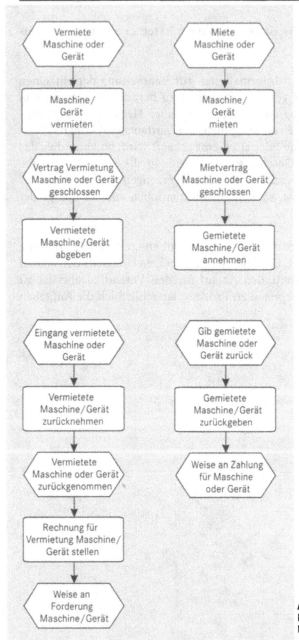

Abbildung 5.2:
Prozesse zur Bereitstellung von
Maschinen und Geräten

der Maschinen- und Geräteverwaltung umfassen. Die Prozesse enden mit
Anweisungen an die Buchhaltung. Im Zusammenhang mit den Aufgaben zur
Kontrolle und Überwachung des Zahlungsverkehrs erfolgt darüber hinaus
beim Verkauf die Bestätigung, dass der entsprechende Geschäftspartner

bezahlt hat. Dies führt zu einer entsprechenden Buchung und steht inhaltlich im Zusammenhang mit der Beschaffung, die anfallenden Aufgaben sind jedoch nicht der Maschinen- und Geräteverwaltung zuzuordnen.

Die möglichen Prozesse im Zusammenhang mit der Bereitstellung von Maschinen und Geräten sind in Abbildung 5.2 gezeigt. Sie bestehen aus vier Abfolgen, wobei jeweils zwei die Abfolge der Aufgaben im Zusammenhang mit der Vermietung bzw. mit dem Mieten zeigen. Die Trennung zwischen der Vermietung und dem Mieten ist erforderlich, da einerseits innerhalb eines Unternehmens eine zentrale Maschinen- und Geräteverwaltung als Vermieter auftritt und die Baustellen als Mieter auftreten, andererseits können die Baustellen auch von externen Geschäftspartnern mieten. Sowohl das Vermieten als auch das Mieten bestehen aus zwei Abfolgen, die zeitlich versetzt die Aufgaben vor bzw. nach dem Mieten bzw. Vermieten beschreiben.

Das Bewerten von Maschinen und Geräten ist eine Aufgabe, die durch das Ereignis „Erstelle Jahresabschluss" ausgelöst wird. Sie endet mit einer Anweisung an die Buchhaltung, die festgestellten Werte zu buchen.

5.3.3 Materialwirtschaft

Aufgaben: Die Aufgaben zur Beschaffung von Materialien und Einbauteilen sind analog zu denen der Beschaffung von Maschinen und Geräten. In der Materialwirtschaft werden jedoch keine Materialien und Einbauteile ge- bzw. vermietet. Dafür sind in der Materialwirtschaft die erforderlichen Beschreibungen der Materialien und Einbauteile zu pflegen. Die Bewertung von Materialien und Einbauteilen ist ebenso eine Aufgabe der Materialwirtschaft. Die Aufgaben sind in Tabelle 5.3 mit dem erforderlichen Zugriff auf Informationen gezeigt.

Ein wesentlicher Unterschied in der Beschaffung von Materialien und Einbauteilen zur Beschaffung von Maschinen und Geräten liegt in der Betriebsdatenerfassung. Bei der Annahme von Materialien und Einbauteilen sind entsprechende Nachweise zu erzeugen. Diese Nachweise werden für jedes Projekt in eine eigene Menge eingetragen. Diese Modellierung erlaubt den Verkauf von Materialien und Einbauteilen zwischen den Projekten. Eine zentrale Unternehmenseinheit, die an Projekte verkauft, lässt sich abbilden, indem die Menge der Materialnachweise dieser Einheit ebenso wie eine projektspezifische Menge eingeführt wird.

Prozesse: Die Abfolge der Aufgaben zur Bereitstellung der Materialien und Einbauteile erfolgt analog zu den in Abbildung 5.2 gezeigten Prozessen. Ein Unterschied ergibt sich in der Benennung der Aufgaben und Ereignisse,

Tabelle 5.3: Aufgaben und Informationen der Materialwirtschaft

Aufgabe	steht in Relation zur Menge	Relation
Materialien/Einbauteile kaufen	Materialien und Einbauteile ME_S	lesen
	Geschäftspartner GP_S	erzeugen
	Geschäftspartner GP_S	lesen
Zahlung Kauf Materialien/Einbauteile anweisen	Materialien und Einbauteile ME_S	lesen
	Geschäftspartner GP_S	lesen
Eigentum an Kauf Materialien/Einbauteile übernehmen	Materialien und Einbauteile ME_S	lesen
	Geschäftspartner GP_S	lesen
	Materialnachweis MN_P	erzeugen
Materialien/Einbauteile verkaufen	Materialien und Einbauteile ME_S	lesen
	Geschäftspartner GP_S	erzeugen
	Geschäftspartner GP_S	lesen
Eigentum an Materialien/Einbauteile abgeben	Materialien und Einbauteile ME_S	lesen
	Geschäftspartner GP_S	lesen
Beschreibung Materialien/Einbauteile erweitern	Materialien und Einbauteile ME_S	erzeugen
	Mengensystem MM_S	erzeugen
Beschreibung Materialien/Einbauteile reduzieren	Materialien und Einbauteile ME_S	löschen
	Mengensystem MM_S	löschen
Materialien/Einbauteile bewerten	Materialien und Einbauteile ME_S	lesen

die im vorliegenden Fall ausgerichtet ist auf Materialien und Einbauteile. Die Ereignisse, die den Kauf bzw. den Verkauf auslösen, sind Gegenstand der Projektbearbeitung bzw. einer zentralen Unternehmenseinheit, die den innerbetrieblichen Verkauf durchführt.

Die Prozesse zur Pflege der Beschreibungen sind Sequenzen. Ausgehend vom Ereignis „Erweitere Beschreibung Material oder Einbauteil" ist die Aufgabe „Beschreibung Material/Einbauteil erweitern" auszuführen. Im Anschluss an diese Aufgabe wird das Ereignis „Weise an Einteilung Material/Einbauteil" ausgelöst, das in der Buchhaltung bei Bedarf zur Einrichtung eines neuen Kontos führt. Die Aufgabe „Beschreibung Material/Einbauteil reduzieren" wird ausgelöst durch das Ereignis „Reduziere Beschreibung Material oder Einbauteil". Sie löst kein Ereignis aus, da Konten nicht im laufenden Geschäftsjahr geschlossen werden. Dies erfolgt beim Jahresabschluss.

5.4 Projektunabhängige Technik

Die technische Bearbeitung lässt sich einteilen in die technische Bearbeitung der Projekte und in die Bearbeitung projektunabhängiger, zentraler technischer Aufgaben. Die folgenden Ausführungen betreffen ausschließlich die projektübergreifenden technischen Aufgaben und ihre Abfolgen. Die Projektbearbeitung wird in Abschnitt 5.6 beschrieben. Zu den projektübergreifenden technischen Aufgaben zählen die allgemeinen Aufgaben der Arbeitsvorbereitung sowie die Verbindungen zu weiteren Aufgaben, die überwiegend technische Aspekte betreffen.

5.4.1 Projektunabhängige Arbeitsvorbereitung

Aufgaben: Die allgemeinen technischen Aufgaben der Arbeitsvorbereitung umfassen die Spezifikation der Produkte des Unternehmens im Hinblick auf ihre technische Durchführung bei der Herstellung, der Veränderung oder der Beseitigung von Bauwerken. Dies betrifft das Pflegen der Beschreibungen der Bautätigkeiten, deren Ausführung das Unternehmen am Markt anbietet, sowie das Pflegen der Beschreibungen der Nutzungsbereiche, die bei der Ausführung der Bautätigkeiten hergestellt oder instand gesetzt werden. Die Aufgaben sind in Tabelle 5.4 zusammen mit den erforderlichen Informationen gezeigt.

Prozesse: Die Aufgaben der projektübergreifenden Arbeitsvorbereitung werden durch die Ereignisse „Erweitere Geschäftsfeld" bzw. „Reduziere Geschäftsfeld" ausgelöst. Die Aufgaben zur Pflege der Beschreibungen der Nutzungsbereiche lösen keine Ereignisse aus. Die Aufgaben zur Pflege der Beschreibung der Bautätigkeiten lösen die Ereignisse zur Pflege der Beschreibungen der Bauverfahren, der Tätigkeiten, der Materialien und Einbauteile sowie der Bauteilsysteme aus. Hierbei ist zu berücksichtigen, dass beim Erzeugen der Beschreibung einer Bautätigkeit die Beschreibungen der zugehörigen Tätigkeit, der zugehörigen Materialien und Einbauteile

Tabelle 5.4: Projektübergreifende Aufgaben und Informationen der Arbeitsvorbereitung

Aufgabe	steht in Relation zur Menge	Relation
Nutzungsbereich beschreiben	Nutzungsbereiche NB_S	erzeugen
Bautätigkeit beschreiben	Bautätigkeiten BT_S	erzeugen
Nutzungsbereich löschen	Nutzungsbereiche NB_S	löschen
Bautätigkeit löschen	Bautätigkeiten BT_S	löschen

sowie des zugehörigen Bauteilsystems ebenso zu erzeugen sind. Dies führt zu technischen Aufgaben sowie zu Aufgaben des Personalwesens und der Materialwirtschaft.

Beim Erzeugen neuer Elemente in der Menge von Bautätigkeiten ist zu berücksichtigen, dass ein Element erst gebildet werden kann, wenn die Mengen von Tätigkeiten und von Bauteilsystemen sowie das Mengensystem von Mengen von Materialien und Einbauteilen entsprechend erweitert wurden. Dies ist erforderlich, da die Bautätigkeit als Element der Relation zwischen diesen Mengen eingeführt wurde. In einer Umsetzung der vorliegenden Beschreibungen kann diesem Umstand dadurch Rechnung getragen werden, dass der Eintrag eines entsprechenden Elements als Anfrage formuliert wird, die bearbeitet wird, wenn die genannten Bedingungen erfüllt sind.

5.4.2 Verbindungen zu weiteren technischen Prozessen

Aufgaben: Die Aufgaben, die zur weiteren technischen Bearbeitung durchzuführen sind, umfassen die Pflege der Beschreibungen der Bauteilsysteme und der Bauverfahren. Diese Aufgaben werden in den vorliegenden Beschreibungen nicht detaillierter behandelt. Sie dienen dazu, die Verbindung zur weiteren technischen Bearbeitung aufzuzeigen. Sie sind zusammen mit den dafür erforderlichen Informationen in Tabelle 5.5 gezeigt.

Prozesse: Die in Tabelle 5.5 gezeigten Aufgaben folgen sequentiell auf die entsprechenden Ereignisse, die in der Arbeitsvorbereitung ausgelöst werden. Sie erfordern zu ihrer Durchführung weitere Aufgaben, die jedoch in den Bereich der Beschreibung technischer Prozesse fallen und im Folgenden nicht weiter behandelt werden.

Tabelle 5.5: Technische Aufgaben mit ihren Informationen

Aufgabe	steht in Relation zur Menge	Relation
Bauverfahren beschreiben	Bauverfahren BV_U	erzeugen
Bauteilsystem beschreiben	Bauteilsystem BS_S	erzeugen
Bauverfahren löschen	Bauverfahren BV_U	löschen
Bauteilsystem löschen	Bauteilsystem BS_S	löschen

5.5 Rechnungswesen

Das Rechnungswesen wird in den vorliegenden Beschreibungen aufgeteilt in die Bereiche Lohnbuchhaltung, Anlagenbuchhaltung, Materialbuchhaltung, Jahresabschluss und Zahlungsverkehr. Die Trennung zwischen dem externen Rechnungswesen und dem internen Rechnungswesen ist durch die zugrunde gelegten Informationsmodelle bereits aufgehoben worden. Verschiedenartige Bewertungen eines Geschäftsvorfalls sind grundsätzlich vorgesehen. Das externe und das interne Rechnungswesen werden abgebildet, indem die Menge von dokumentierten Geschäftsvorfällen nach verschiedenen Kriterien ausgewertet wird.

5.5.1 Lohnbuchhaltung

Aufgaben: Die Aufgaben der Lohnbuchhaltung umfassen die Einrichtung der Konten für diesen Bereich sowie das Buchen der Lohnzahlungen. Zur Einrichtung eines Kontos werden Informationen aus der Menge von Mitarbeitern MA_S gelesen. Zum Buchen der Lohnzahlung wird aus dieser Menge ebenso gelesen. In die Menge der dokumentierten Geschäftsvorfälle DG_U wird ein Element neu eingetragen.

Beim Einrichten der Konten ist zu berücksichtigen, dass die Konten zur Klassifikation der Menge von dokumentierten Geschäftsvorfällen dienen. Dementsprechend wird durch die Spezifikation des Kontos kein Element in die Menge eingetragen, es wird eine Klasse benannt. Die Benennungen der Klassen sind in den vorliegenden Modellen bereits durch die Menge der Mitarbeiter MA_S gegeben, wenn der Identifikator und der Name des Mitarbeiters zur Benennung verwendet werden.

Prozesse: Das Einrichten eines Kontos für einen Mitarbeiter wird entweder durch das Unterzeichnen eines Arbeitsvertrags oder im Zusammenhang mit dem Jahresabschluss ausgelöst. Beim Jahresabschluss ist dies erforderlich, da Konten am Ende eines jeden Geschäftsjahrs geschlossen und anschließend wieder eröffnet und eingerichtet werden.

Das Buchen der Lohnzahlung ist eine Folge des Ereignisses „Zahlung Lohn erfolgt", das im Zusammenhang mit der Kontrolle des Zahlungsverkehrs ausgelöst wird. Die speziellen Belange der Lohnbuchhaltung, die sich beispielsweise aus der zeitlich versetzten Abrechnung und Abführung der Lohnnebenkosten gegenüber der Lohnzahlung an den Mitarbeiter ergeben, sind in den vorliegenden Beschreibungen nicht erfasst, da sie nur die Lohnbuchhal-

tung betreffen und in der Betrachtung der fachübergreifenden Prozesse von
untergeordneter Bedeutung sind.

5.5.2 Anlagenbuchhaltung

Aufgaben: Analog zur Lohnbuchhaltung umfassen die Aufgaben der Anlagenbuchhaltung die Einrichtung der Konten für diesen Bereich sowie das
Buchen entsprechender Beträge. Zur Einrichtung des Kontos werden Informationen aus der Menge von Maschinen und Geräten MG_S gelesen. Zum
Buchen werden Informationen aus dieser Menge ebenso wie aus der Menge
von Geschäftspartnern GP_S gelesen. Beim Buchen wird ein Element in die
Menge der dokumentierten Geschäftsvorfälle DG_U neu eingetragen.

Die Einrichtung eines Kontos erfolgt analog zur Einrichtung eines Kontos
in der Lohnbuchhaltung, indem eine Klasse in der Menge dokumentierter
Geschäftsvorfälle benannt wird. Die Benennung ist bereits durch die Menge
der Maschinen und Geräte MG_S vorgegeben.

Prozesse: Das Einrichten eines Kontos für eine Maschine oder ein Gerät
wird entweder ausgelöst im Zusammenhang mit dem Kauf oder im Zusammenhang mit dem Jahresabschluss.

Das Buchen wird durch Ereignisse der Maschinen- und Geräteverwaltung
oder im Zusammenhang mit der Kontrolle des Zahlungsverkehrs ausgelöst.
Die Ereignisse der Maschinen- und Geräteverwaltung betreffen den Eingang
und den Abgang einer Maschine oder eines Geräts, die Anweisung zur Zahlung oder zur Buchung einer Forderung sowie die Festlegung des Wertes. Im
Zusammenhang mit der Kontrolle des Zahlungsverkehrs werden Buchungen
veranlasst, wenn eine Zahlung erfolgt oder wenn eine Zahlung für eine
Maschine oder ein Gerät eingegangen ist.

Die speziellen Belange der Anlagenbuchhaltung, die sich beispielsweise aus
der Behandlung der Mehrwertsteuer beim Kauf und Verkauf ergeben, werden
in den vorliegenden Beschreibungen nicht erfasst. Es gilt, den Zusammenhang der Prozesse und Aufgaben, nicht jedoch die Detailaufgaben in all ihren
Einzelheiten zu beschreiben.

5.5.3 Materialbuchhaltung

Aufgaben: Analog zur Lohnbuchhaltung und zur Anlagenbuchhaltung sind
die Aufgaben der Materialbuchhaltung das Einrichten der Konten und das
Buchen entsprechender Beträge. Auch hier ist das Einrichten eines Kontos

die Benennung einer Klasse in der Menge dokumentierter Geschäftsvorfälle DG_U, die in diesem Fall auf der Basis der Menge von Materialien und Einbauteilen ME_S erfolgt.

Zum Buchen werden Informationen aus der Menge von Materialien und Einbauteilen ME_S, der Menge von Geschäftspartnern GP_S und der Menge von Nachweisen über Materialien und Einbauteile MN_P gelesen, ein Element wird neu in die Menge dokumentierter Geschäftsvorfälle DG_U eingetragen.

Prozesse: Die Einrichtung eines Kontos ist eine Folge der Einteilung der Menge von Materialien und Einbauteile ME_S und wird durch die Materialverwaltung ausgelöst. Ebenso werden Konten beim Jahresabschluss neu angelegt.

Das Buchen entsprechender Beträge wird ausgelöst durch die Materialverwaltung und die Kontrolle des Zahlungsverkehrs. Im Einzelnen sind dies in der Materialverwaltung die Ereignisse, die durch den Eingang und den Abgang von Material sowie durch die Bewertung ausgelöst werden. Bei der Kontrolle des Zahlungsverkehrs ist dies das Eingehen oder das Erfolgen einer Zahlung.

In der vorliegenden Beschreibung wird nicht festgelegt, ob das Buchen von Eingang und Abgang über die Änderung des Bestands oder über Aufwand und Ertrag erfolgt. Die vorgestellten Modelle erlauben die Abbildung beider Vorgehensweisen, wenn bei der Einrichtung der Konten zwei Klassen benannt werden, eine Klasse zu Erfassung des Bestands und seiner Veränderungen und eine weitere Klasse zur Erfassung von Aufwand und Ertrag.

Die vorgestellte Beschreibung der Prozesse erfasst nicht alle Besonderheiten wie beispielsweise das Buchen der Mehrwertsteuer oder das Erfassen von Forderungen und Verbindlichkeiten, wenn dies bei größeren Zahlungen mit langen Lieferfristen erforderlich sein sollte. Diese Besonderheiten sind in der fachübergreifenden durchgängigen Betrachtung von untergeordneter Bedeutung.

5.5.4 Jahresabschluss
Aufgaben: Aufgabe des Jahresabschlusses ist es, die erforderlichen Berichte zu erstellen, die Bücher des vergangenen Jahres zu schließen und die Konten für das neue Geschäftsjahr einzurichten. Hierzu sind im Einzelnen die Bewertungen der Maschinen und Geräte, der vorhandenen Materialien und Einbauteile sowie der unfertigen Bautätigkeiten zu überprüfen. Rechnungs-

abgrenzungsposten sind zu buchen. Die GuV-Rechnung ist durchzuführen. Die Bilanz ist zu erstellen. Die Konten sind zu schließen und die Eröffnung der Konten für das neue Geschäftsjahr ist zu veranlassen.

Die Überprüfung der vorgenommenen Bewertungen setzt einen lesenden Zugriff auf die Informationen über Maschinen und Geräte MG_S, die Informationen über Materialien und Einbauteile ME_S sowie die Abrechnungen AR_P der einzelnen Projekte voraus. Zum Buchen der Rechnungsabgrenzungsposten sind die dokumentierten Geschäftsvorfälle DG_U zu betrachten und entsprechend neue Elemente in diese Menge einzutragen. Zum Aufstellen der GuV-Rechnung, der Bilanz und zum Schließen der Konten müssen dokumentierte Geschäftsvorfälle gelesen und Elemente in diese Menge neu eingetragen werden.

Die Vorgehensweise zur Erstellung des Jahresabschlusses ist übertragbar auf das Erstellen eines Betriebsabrechnungsbogens. Grundlage bilden hier die Beträge, die auf der Grundlage der internen Bewertungsrichtlinien erfasst wurden. Die Menge der dokumentierten Geschäftsvorfälle wird analog zur GuV-Rechnung für jede organisatorische Einheit des Unternehmens ausgewertet. Das Ergebnis zeigt den Gewinn bzw. den Verlust einer jeden Einheit auf der Grundlage der internen Bewertungsrichtlinien. Die Gewinne bzw. die Verluste können intern verrechnet werden, wenn entsprechende Verrechnungssätze vorliegen.

Die Kostenartenrechnung kann ebenso als Auswertung der Menge dokumentierter Geschäftsvorfälle in Analogie zur GuV-Rechnung erfolgen. Hierzu sind Klassen der Menge DG_U zu wählen, für die eine Auswertung erfolgen soll. Durch die Wahl der Klassen können die Kostenarten bestimmt werden, für die eine Auswertung erfolgen soll. Das Ergebnis zeigt den Gewinn bzw. den Verlust, wenn die gewählten Kostenarten betrachtet werden.

Da die Berichte des internen Rechnungswesen durch die parallele Einführung der verschiedenen Bewertungsmöglichkeiten analog zu denen des externen Rechnungswesens erstellt werden, werden die entsprechenden Aufgaben und auch deren Abläufe nicht extra beschrieben. Die Unterschiede ergeben sich durch die Berücksichtigung der jeweils anderen Bewertungsrichtlinien und die Auswertungen für organisatorische Einheiten und spezielle Klassen der Menge der dokumentierten Geschäftsvorfälle DG_U.

Prozesse: Der Prozess zur Erstellung des Jahresabschlusses ist sequentiell. Er wird ausgelöst durch das Ereignis „Erstelle Jahresabschluss", das von der Geschäftsleitung ausgelöst wird. Die Reihenfolge der Aufgaben beginnt mit dem Überprüfen der Bewertungen. Es folgt das Buchen der Rechnungsabgrenzungsposten. Anschließend wird die GuV-Rechnung durchgeführt und die Bilanz wird erstellt. Abschließend werden die Konten des beendeten Geschäftsjahrs geschlossen. Ereignisse werden ausgelöst, damit Konten in der Lohnbuchhaltung, in der Anlagenbuchhaltung und in der Materialbuchhaltung eingerichtet werden. Die Anlagenbuchhaltung und die Materialbuchhaltungen werden angewiesen, die vorhandenen Werte als Anfangsbestände zu verbuchen.

5.5.5 Zahlungsverkehr

Aufgaben: Die Aufgaben im Zusammenhang mit dem Zahlungsverkehr umfassen die Kontrolle des Zahlungseingangs und -ausgangs sowie das Anweisen der Zahlungen.

Die Kontrolle des Zahlungseingangs und des -ausgangs umfasst die Konten, die das Unternehmen bei Banken und Sparkassen hat, eventuell vorhandene Bargeldkassen und Konten für den internen Zahlungsverkehr. Die Informationen, die hierzu erforderlich sind, werden in den Informationsmodellen nicht erfasst, da diese Informationen einerseits von Banken und Sparkassen bereitgestellt werden und andererseits nur im Zusammenhang mit der Kontrolle des Zahlungsverkehrs benötigt werden.

Das Anweisen der Zahlungen erfordert eine Unterscheidung, ob die Beträge für externe Geschäftspartner oder interne Geschäftspartner bestimmt sind. Bei externen Geschäftspartnern muss unterschieden werden zwischen bargeldlosen Überweisungen und der Auszahlung von Bargeld. Beträge für interne Geschäftspartner werden bargeldlos verrechnet. Auch für die Anweisung von Zahlungen werden, abgesehen von Betrag und Empfänger, keine weiteren Informationen benötigt, die durch die Informationsmodelle erfasst werden.

Prozesse: Die Aufgaben zur Kontrolle des Zahlungseingangs sind regelmäßig durchzuführen, wobei im Unternehmen festzulegen ist, in welchen Abständen dies zu erfolgen hat. Dabei kann es erforderlich sein, den Abstand zu verkürzen, wenn größere Summen erwartet werden. Die Kontrolle des Zahlungseingangs löst Ereignisse aus, die zu Buchungen führen. Das Ereignis „Zahlung für Maschine/Gerät eingegangen" löst Buchungen in der Anlagenbuchhaltung aus. Das Ereignis „Zahlung für Material/Einbauteil eingegangen" löst Buchungen in der Materialbuchhaltung aus. Das Ereignis „Zahlung für Bautätigkeit" eingegangen löst Buchungen bei der Abrechnung von Projekten aus.

Die Aufgaben zur Kontrolle des Zahlungsausgangs sind ebenso regelmäßig durchzuführen. Auch hier muss im Unternehmen festgelegt werden, in welchen Abständen dies zu erfolgen hat und ob diese Abstände in gewissen Phasen zu verändern sind. Die Kontrolle des Zahlungsausgangs führt ebenso wie beim Eingang zu Buchungen. Das Ereignis „Zahlung für Maschine/Gerät erfolgt" führt in der Anlagenbuchhaltung zu weiteren Aufgaben. Das Ereignis „Zahlung für Material/Einbauteil erfolgt" führt in der Materialbuchhaltung zu weiteren Aufgaben, und das Ereignis „Lohnzahlung erfolgt" betrifft die Lohnbuchhaltung.

Die Aufgabe, Zahlungen anzuweisen, wird ausgelöst durch entsprechende Ereignisse in der Lohnbuchhaltung, der Anlagenbuchhaltung und der Materialbuchhaltung. Die Aufgabe selbst endet mit ihrer Durchführung.

5.6 Projektbearbeitung

5.6.1 Angebotsbearbeitung

Aufgaben: Die Aufgaben zur Bearbeitung eines Angebots umfassen das Erstellen einer Beschreibung des Bauwerks mit seinen Nutzungsbereichen, den Bauteilsystemen und den Relationen zwischen den Nutzungsbereichen und den Bauteilsystemen. Aufbauend auf dieser Beschreibung sind die Bautätigkeiten zu spezifizieren. Die Mengen sind zu ermitteln, die Preise sind festzulegen und im Angebot entsprechend zusammenzustellen.

Bei der Durchführung dieser Aufgaben kann auf die Beschreibungen der Nutzungsbereiche NB_S, der Bauteilsysteme BS_S und der Bautätigkeiten BT_S zuruckgegriffen werden. Zur Beschreibung sind die Nutzungsbereiche NB_B und Bauteilsysteme BS_B für das betrachtete Bauwerk zu spezifizieren. Projektspezifisch sind die Bautätigkeiten BT_P, die Preisbildungen PB_P und das Angebot AB_P zu erzeugen.

Wesentlichen Einfluss auf die Durchführung dieser Aufgaben hat die Qualität und der Umfang vorhandener oder vom Bauherrn zur Verfügung gestellter Unterlagen und Informationen. Wenn beispielsweise am betrachteten Bauwerk schon ein Projekt vom Unternehmen durchgeführt wurde, können Informationen direkt übernommen werden. Wenn im Gegensatz dazu lediglich eine funktionale Baubeschreibung vorliegt, so sind diese Informationen zu erarbeiten und entsprechend zu erfassen.

Prozesse: Die Bearbeitung eines Angebots wird in der Geschäftsleitung ausgelöst durch das Ereignis „Bearbeite Angebot". Die Abfolge der Aufgaben ist sequentiell, wobei das Bauwerk in Abschnitte unterteilt werden kann und die Abschnitte parallel von verschiedenen Personen bearbeitet werden können. Die Abfolge beginnt mit der Beschreibung des Bauwerks. Im Anschluß daran sind die Bautätigkeiten zu spezifizieren, die Mengen sind zu ermitteln, Preise sind festzulegen und den Bautätigkeiten zuzuordnen.

Zur Festlegung der Preise ist es erforderlich, über die Relation zwischen den Bautätigkeiten und den Bauverfahren die Aufwandswerte sowie die für das jeweilige Bauverfahren erforderlichen Maschinen und Geräte abzufragen. Über den Aufwandswert und die ermittelten Mengen kann der Bedarf an Zeit ermittelt werden. Der Zeitbedarf für die Arbeiten von Mensch und Maschine geht in die Verfahren zur Kalkulation der Preise ein. Wenn Informationen bereits vorliegen, können die entsprechenden Aufgaben entfallen.

Die Angebotsbearbeitung endet mit dem erzeugten Angebot. Die Vertragsverhandlungen erfolgen auf der Grundlage des Angebots. Wenn die Verhandlungen zum Abschluss eines Vertrags geführt haben, wird das entsprechende Ereignis von der Geschäftsleitung ausgeführt.

5.6.2 Arbeitsvorbereitung

Aufgaben: Zur Arbeitsvorbereitung gehört die Planung der Termine und der Kapazitäten. Hierzu ist der Zugriff auf die Beschreibungen der im Projekt auszuführenden Bautätigkeiten BT_P, auf die Bauverfahren BV_U, die Informationen über die Mitarbeiter MA_S, ihre Einsatzmöglichkeiten MT_S sowie über die Maschinen und Geräte MG_S erforderlich.

Terminpläne und Planungsunterlagen zu Kapazitäten sind in den vorliegenden Informationsmodellen nicht erfasst. Sie lassen sich der Arbeitsvorbereitung und der Ausführung zuordnen und spielen im Zusammenhang mit anderen Aufgaben eine untergeordnete Rolle. In den heute üblicherweise verwendeten Verfahren zur Kalkulation wird beispielsweise der Bezug zur Zeit im Hinblick auf eine Terminplanung nicht berücksichtigt. Ebenso spielt die mögliche Auslastung der Kapazitäten bei der Kalkulation keine wesentliche Rolle.

Prozesse: Die Aufgaben der Arbeitsvorbereitung werden ausgelöst durch das Ereignis „Vertrag unterzeichnet". Sie enden mit dem Ereignis „Führe aus".

Diese sequentielle Modellierung der Abfolge von Angebotsbearbeitung, Arbeitsvorbereitung und Ausführung ist in der Realität nicht gegeben. Angebote werden bei Änderungen in der Ausführung neu erstellt und neu verhandelt. Teilweise laufen die Bearbeitung eines Angebots und die Arbeitsvorbereitung parallel.

Eine Koordinierung der Aufgaben ist jedoch nur dann erfolgreich durchführbar, wenn – zumindest für festgelegte und sauber abgegrenzte Bauteilsysteme oder Bautätigkeiten – eine Reihenfolge in der Bearbeitung der einzelnen Aufgaben eingehalten wird. Die Aufgaben bauen auf einander auf. Insofern werden Aufgaben entweder verlagert oder mehrfach durchgeführt, wenn die Reihenfolge in der Bearbeitung nicht eingehalten wird.

5.6.3 Ausführung

Aufgaben: Hauptaufgabe der Ausführung ist die Herstellung, Veränderung oder Beseitigung baulicher Anlagen. Hierzu sind vor Ort festzulegen, welche Person welche Tätigkeit ausführen soll, welche Maschinen und Geräte hierfür zur Verfügung stehen müssen und welche Materialien bzw. welche Einbauteile wann und wo bereitgestellt werden müssen. Die Beantwortung dieser Fragen ist Aufgabe der Disposition. Die Disposition basiert auf Informationen der Arbeitsvorbereitung und benötigt Angaben über die auszuführenden Bautätigkeiten BT_P, die Mitarbeiter MA_S und ihre Einsatzmöglichkeiten MT_S, die Maschinen und Geräte MG_S sowie die Bauverfahren BV_U.

Im Zuge der Ausführung sind als Betriebsdaten Tätigkeitsnachweise zu erfassen. Mit diesen Tätigkeitsnachweisen belegen die einzelnen Mitarbeiter in einem betrachteten Zeitraum, welche Tätigkeiten sie wie lange ausgeführt haben. Hierzu werden Elemente in die Menge von Tätigkeitsnachweisen TN_P neu eingetragen und Elemente der Menge von Informationen über Mitarbeiter MA_S gelesen.

Prozesse: Die Disposition ist eine Folge des Ereignisses „Führe aus", das von der Arbeitsvorbereitung ausgelöst wird. In den vorliegenden Beschreibungen wird davon ausgegangen, dass die Bereitstellung von Materialien und Einbauteilen sowie von Maschinen und Geräten bei rechtzeitiger Anforderung erfolgt. Dementsprechend wird die Disposition nicht beeinflusst von der Lieferung von Materialien und Einbauteilen sowie vom Eintreffen der Maschinen und Geräte auf der Baustelle.

Es wird jedoch in den vorliegenden Beschreibungen nicht davon ausgegangen, dass die angeforderten Mitarbeiter auch zur Verfügung stehen.

Dies kann zum einen dadurch verursacht sein, dass Mitarbeiter in anderen Projekten bereits eingesetzt werden, zum anderen kann dies durch Urlaub oder Krankheit verursacht sein. Dementsprechend führt auch das in der Personalverwaltung ausgelöste Ereignis „Entsende Mitarbeiter" zur erneuten Disposition.

Wenn in den vorliegenden Beschreibungen zu berücksichtigen ist, dass eventuell angeforderte Materialien und Einbauteile nicht zur Verfügung stehen, so muss das Element („Weise an Eingang Material/Einbauteil", „Disponieren") in die Relation zwischen der Menge der Ereignisse und der Aufgaben mit aufgenommen werden. Bei einer Berücksichtigung eventuell nicht verfügbarer Maschinen und Geräte muss in der Maschinen- und Geräteverwaltung ein Ereignis eingeführt werden, das im Anschluss an die Aufgabe „Gemietete Maschine/Gerät ausgelöst" wird und ebenso die Disposition auslöst.

Die Bearbeitung der Aufgabe „Disponieren" führt zum Auslösen der Ereignisse „Fordere an Mitarbeiter", „Weise Mitarbeiter zur Tätigkeit an", „Kaufe Material/Einbauteil", „Verkaufe Material/Einbauteil", „Miete Maschine/Gerät" und „Gib gemietete Maschine/Gerät" zurück. Diese Ereignisse lösen Prozesse in Personalverwaltung, in der Maschinen- und Geräteverwaltung sowie in der Materialverwaltung aus. Das Freistellen eines Mitarbeiters als Folge der Disposition wird nicht explizit als Ereignis mit aufgenommen. Dies ist nicht erforderlich, wenn man davon ausgeht, dass das Entsenden eines Mitarbeiters zeitlich begrenzt ist und der Mitarbeiter am Ende des Zeitraums entweder erneut angefordert wird oder für den Einsatz in anderen Projekten zur Verfügung steht.

Die Aufgabe „Tätigkeitsnachweis erstellen" ist eine Folge des Ereignisses „Erstelle Tätigkeitsnachweis", das der Geschäftsleitung zu geordnet ist. In der Geschäftsleitung ist festzulegen, in welchen Abständen dieses Ereignis automatisch ausgelöst werden soll.

5.6.4 Abrechnung

Aufgaben: Voraussetzung für die Abrechnung ausgeführter Bautätigkeiten ist das Erstellen von Aufmaßen. Hierzu sind Informationen aus dem Angebot AB_P erforderlich. Ein Element in der Menge von Aufmaßen AM_P ist zu erzeugen. Eine Bewertung ist durchzuführen, auf deren Grundlage ein Element in die Menge von Abrechnungen AR_P neu einzutragen ist.

Die auf die Spezifikation der Abrechnung aufbauende Buchhaltung wird in den vorliegenden Beschreibungen der Abrechnung zugeordnet. Dies betrifft die Aufgaben, eingetretene Forderungen, erfolgte Zahlungseingänge und fertige bzw. unfertige Bauleistungen zu buchen. Für die buchhalterischen Aufgaben ist ein Zugriff auf die Menge von Geschäftspartnern GP_S erforderlich, Elemente werden neu in die Menge dokumentierter Geschäftsvorfälle DG_U eingetragen. Das Verbuchen fertiger bzw. unfertiger Bauleistungen bei Fertigstellung bzw. Rechnungslegung ist Bestandteil dieser Aufgaben.

Prozesse: Das Erstellen von Aufmaßen kann durch drei Ereignisse ausgelöst werden. Zum einen führt das Ereignis „Erstelle Jahresabschluss" dazu, dass die fertigen und unfertigen Bauleistungen durch Aufmaß zu erfassen sind. Zum zweiten sind als Folge des Ereignisses „Dokumentiere Baufortschritt" Aufmaße zu erstellen, und zum dritten kann im Projekt selbst das Ereignis „Rechne ab" ausgelöst werden.

Im Anschluss an die Erstellung von Aufmaßen erfolgt die Bewertung. Die Bewertung kann zu zwei Ereignissen führen, dem Ereignis „Stelle Rechnung" und dem Ereignis „Erfasse fertige und unfertige Bauleistungen". Beide Ereignisse lösen die entsprechenden buchhalterischen Aufgaben aus. Die buchhalterische Aufgabe zum Buchen bei erfolgtem Zahlungseingang wird im Zusammenhang mit der Kontrolle des Zahlungsverkehrs ausgelöst.

5.7 Betrachtung der Modelle

5.7.1 Zusammenspiel der Prozesse

Die formale Beschreibung der Prozesse als Relation zwischen der Menge der Ereignisse und der Menge der Aufgaben sowie als Relation zwischen der Menge der Aufgaben und der der Ereignisse erlaubt es, Wege zu betrachten. Das entstandene Gebilde ist ein bipartiter Graph, wobei die Menge der Ereignisse und die Menge der Aufgaben die Mengen der Knoten und die beiden Relationen zwischen diesen Mengen die Mengen der Kanten sind. Die Mengen der Knoten sind ebenso wie die Mengen der Kanten disjunkt.

In Abbildung 5.3 ist eine Teilmenge des bipartiten Graphen gezeigt. Diese Teilmenge umfasst Aufgaben der Ausführung, der Materialverwaltung, der Buchhaltung und der Anweisung zur Zahlung. Die gezeigte Abfolge der Ereignisse und Aufgaben enthält eine Verzweigung. Fachlich sind als Folge des geschlossenen Kaufvertrags beide Aufgaben zu bearbeiten. Diese zusätzliche Information wird im bipartiten Graphen nicht erfasst.

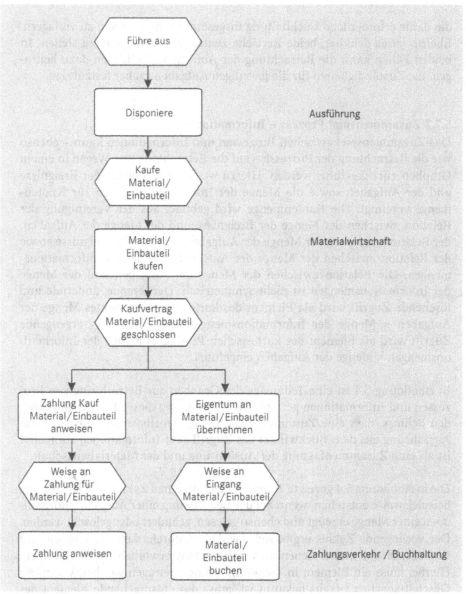

Abbildung 5.3: Aufgaben von der Ausführung bis zur Zahlungsanweisung

Der in Abbildung 5.3 gezeigte Ausschnitt kann genutzt werden, um den Zusammenhang der einzelnen Aufgaben zu verdeutlichen. Darüber hinaus kann auf der Basis dieser Betrachtung eine andere Zusammenfassung der Aufgaben erfolgen. Beispielsweise ist es denkbar, die Materialverwaltung und die dafür erforderliche Buchhaltung insgesamt in die Projekte zu verlagern. Ebenso ist es denkbar, beide Bereiche zentral zur Verfügung zu stellen. In beiden Fällen kann die Betrachtung der Abfolge der Aufgaben dazu beitragen, die Zuständigkeiten für die jeweiligen Aufgaben sauber festzulegen.

5.7.2 Zusammenspiel Prozess – Information

Das Zusammenspiel zwischen Prozessen und Informationen kann – ebenso wie die Betrachtung der Prozesse – auf die Betrachtung von Wegen in einem Graphen zurückgeführt werden. Hierzu werden die Mengen der Ereignisse und der Aufgaben sowie die Menge der Informationsmengen zur Knotenmenge vereinigt. Die Kantenmenge wird gebildet aus der Vereinigung der Relation zwischen der Menge der Ereignisse und der Menge der Aufgaben, der Relation zwischen der Menge der Aufgaben und der der Ereignisse sowie der Relation zwischen der Menge der Aufgaben und der der Informationsmengen. Die Relation zwischen der Menge der Aufgaben und der Menge der Informationsmengen ist nicht symmetrisch. Der lesende, ändernde und löschende Zugriff wird als Element des kartesischen Produktes Menge der Aufgaben × Menge der Informationsmengen eingeführt. Der erzeugende Zugriff wird als Element des kartesischen Produktes Menge der Informationsmengen × Menge der Aufgaben eingeführt.

In Abbildung 5.4 ist eine Teilmenge des Graphen zur Betrachtung von Prozessen und Informationen gezeigt. Die Betrachtung dieser Teilmenge erlaubt den Schluss, dass eine Zusammenfassung der Arbeitsvorbereitung und der Ausführung aus dem Blickwinkel des Zugriffs auf Informationen sinnvoller ist als eine Zusammenfassung der Ausführung und der Materialwirtschaft.

Die in Abbildung 5.4 gezeigte Teilmenge enthält einen Zyklus. Zyklen können beispielsweise entstehen, wenn bei der Bearbeitung einer Aufgabe Informationen einer Menge erzeugt und ebenso gelesen, geändert oder gelöscht werden. Der vorliegende Zyklus ergibt sich fachlich dadurch, dass Materialien und Einbauteile von einem neuen Geschäftspartner erworben werden können. Hierbei muss ein Element in die Menge neu eingetragen werden. Wenn der Geschäftspartner bereits bekannt ist, muss das entsprechende Element der Menge gelesen werden.

Ein anderer Fall, bei dem Zyklen entstehen, tritt auf, wenn eine Information gelesen werden soll und in der Abfolge der Ereignisse und Aufgaben danach erst erzeugt wird. Derartige Zyklen können ein Indiz für Fehler in der Modellierung sein.

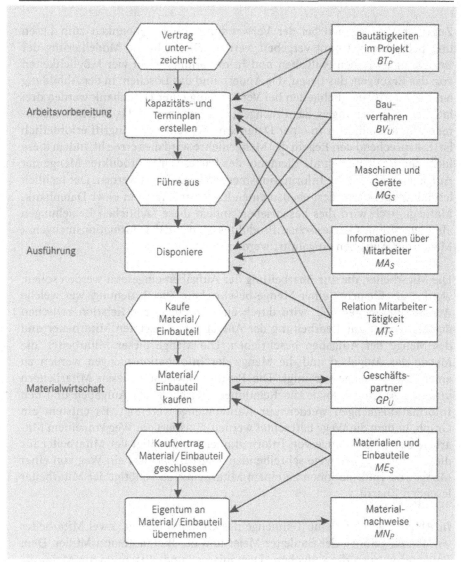

Abbildung 5.4: Informationen im Prozess von der Arbeitsvorbereitung bis zum Lieferschein

5.7.3 Zusammenspiel Mitarbeiter – Informationen

Die Bearbeitung der betriebswirtschaftlichen, baubetrieblichen und technischen Aufgaben erfolgt durch Mitarbeiter, denen Werkzeuge zur Bearbeitung zur Verfügung zu stellen sind. Diese Werkzeuge greifen auf Informationen zu. Dieser Zugriff auf Informationen muss geregelt werden, indem Zugriffsrechte für die Mitarbeiter zur Bearbeitung der verschiedenen Aufgaben vergeben werden.

Zugriffsrechte können bei der Verwendung von Datenbanken zum Lesen und Schreiben getrennt vergeben werden. Die fachliche Modellierung der Beziehung zwischen Aufgaben und Informationen sieht vier Möglichkeiten vor: das Erzeugen, das Lesen, das Ändern und das Löschen. In der Abbildung auf die Zugriffsmöglichkeiten bei Verwendung einer Datenbank werden drei fachlichen Beziehungen, das Erzeugen, das Ändern und das Löschen zusammengefasst, da hierfür in einer Datenbank schreibender Zugriff erforderlich ist. Entsprechend den Regeln der Mengenlehre wird dies erreicht, indem diese fachliche Beziehungen als Elemente des kartesischen Produktes Menge der Aufgaben × Menge der Informationsmengen spezifiziert werden. Der fachlich lesende Zugriff erfordert ebenso einen lesenden Zugriff in einer Datenbank. Mathematisch wird dies beschrieben, indem diese fachlichen Beziehungen als Elemente des kartesischen Produktes Menge der Informationsmengen × Menge der Aufgaben eingeführt werden.

Die Mitarbeiter, die zur Bearbeitung der Aufgaben eingesetzt werden sollen, werden als Elemente einer Menge beschrieben. Die Beziehung, wer welche Aufgabe bearbeiten soll, wird durch eine symmetrische Relation zwischen der Menge der zur Bearbeitung der Aufgaben eingesetzten Mitarbeiter und der Menge der Aufgaben beschrieben. Die Menge dieser Mitarbeiter, die Menge der Aufgaben und die Menge der Informationsmengen werden zu einer Knotenmenge vereinigt. Die Relation zwischen diesen Mitarbeitern und den Aufgaben sowie die Relationen zwischen den Aufgaben und den Informationsmengen werden zur Kantenmenge vereinigt. Es entsteht ein Graph, in dem die Wege betrachtet werden. Existiert ein Weg von einem Mitarbeiter zu einer Menge von Informationen, so benötigt der Mitarbeiter für diese Informationsmenge schreibenden Zugriff. Existiert ein Weg von einer Menge von Informationen zu einem Mitarbeiter, so benötigt der Mitarbeiter lesenden Zugriff.

In Abbildung 5.5 ist eine Teilmenge des Graphen gezeigt. Zwei Mitarbeiter wurden eingeführt, der Bauleiter Meier und der Baukaufmann Müller. Dem Bauleiter wurden die Aufgaben „Disponieren" und „Eigentum am Material/ Einbauteil übernehmen" zugeordnet, dem Baukaufmann die Aufgabe „Material/Einbauteil" kaufen.

Auf der Grundlage des Graphen können die erforderlichen Zugriffsrechte ermittelt werden: Der Bauleiter braucht zur Bearbeitung der ihm zugewiesenen Aufgaben lesenden Zugriff auf die Mengen der Bautätigkeiten im Projekt BT_P, der Bauverfahren BV_U, der Maschinen und Geräte MG_S, der Informationen über Mitarbeiter MA_S und ihre Fähigkeiten MT_S sowie der Materialien und Einbauteile ME_S. Schreibenden Zugriff benötigt er in der Menge

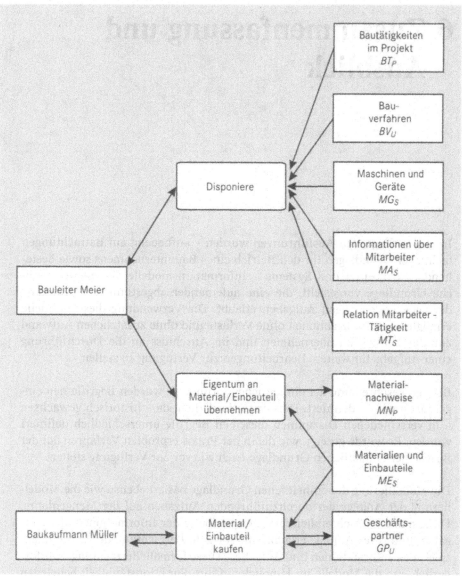

Abbildung 5.5: Zugriff der Mitarbeitern auf Informationen

der Materialnachweise MN_P. Der Baukaufmann braucht lesenden Zugriff auf die Mengen der Materialien und Einbauteile ME_S und auf die Menge der Geschäftspartner GP_S. Zusätzlich benötigt er, falls er bei einem neuen Geschäftspartner einkauft, ebenso schreibenden Zugriff auf die Menge der Geschäftspartner GP_S.

6 Zusammenfassung und Ausblick

In den vorliegenden Ausführungen wurden – aufbauend auf Betrachtungen fachlicher Grundlagen für den Betrieb eines Bauunternehmens sowie bestehender Strukturen und Systeme – Informationsmodelle als eine einheitliche Grundlage vorgestellt, die eine aufeinander abgestimmte Bearbeitung der verschiedenartigen Aufgaben erlaubt. Die Verwendung dieser Modelle ermöglicht es, Informationen ohne Verluste und ohne zusätzlichen Aufwand zur Bearbeitung zu übernehmen und im Anschluss an die Durchführung einer Aufgabe für weitere Bearbeitungen zur Verfügung zu stellen.

Bei der Beschreibung der einheitlichen Grundlage wurden Begriffe neu eingeführt und neu definiert. Dies war erforderlich, da – historisch gewachsen – in verschiedenen Disziplinen dieselben Begriffe unterschiedlich definiert wurden. Es wurde gezeigt, wie die in der Praxis erprobten Verfahren auf der Basis einer einheitlichen Grundlage nach wie vor zur Verfügung stehen.

Die Modellierung der einheitlichen Grundlage basiert ebenso wie die Modellierung der Abfolge der durchzuführenden Aufgaben auf der Mengenlehre. Diese mathematisch einheitliche Beschreibung der Informationen, der Aufgaben und ihrer Abfolge erlaubt eine formale Betrachtung des Zusammenspiels von Informationen und Aufgaben. Diese formale Betrachtung ist erforderlich, um die Modelle im Hinblick auf ihre Funktionsfähigkeit beurteilen zu können. Die verwendete Mathematik umfasst dabei die Beschreibung und Untersuchung von Mengen und Relationen. Dies führt zu Graphen, in denen Wege auf der Grundlage der booleschen Wegalgebra berechnet und betrachtet werden.

Der Ausgangspunkt für die vorgestellten Überlegungen basierte auf der Erkenntnis, dass die Grundlagen der heute in Bauunternehmen eingesetzten Verfahren nicht aufeinander abgestimmt sind. Ein Beispiel sind die

Begriffe, die in den verschiedenen Disziplinen verschiedenartig definiert wurden. Natürlich wurde dieser Umstand bei der Entwicklung der verfügbaren Systeme erkannt. Es wurden Verbindungsstellen identifiziert, über die abgestimmte Informationen ausgetauscht werden. Dieses Vorgehen hat zu Vorteilen bei der Bearbeitung der verschiedenartigen Aufgaben geführt, das grundsätzliche Problem wurde dadurch jedoch nicht gelöst.

Die vorgestellte Beschreibung der einheitlichen und abgestimmten Grundlage zur Bearbeitung der Aufgaben eines Bauunternehmens ist beschränkt auf ein Unternehmen, das Bauleistungen anbietet, durch eigene Mitarbeiter ausführen lässt und ggf. Nachunternehmen einsetzt. Sie erfolgt unabhängig von einer Technologie zur Umsetzung und ist erweiterbar. Eine mögliche Umsetzung war nicht Gegenstand der vorliegenden Betrachtungen. Dies ist Gegenstand weiterführender Arbeiten. Darüber hinaus ergeben sich weitere Ansatzpunkte aus der formalen Beschreibung der Modelle, Aufgaben und ihrer Abfolge.

Ein möglicher Ansatz für weitere Betrachtungen ergibt sich, wenn – aufbauend auf der Beschreibung der Mengen – Operationen eingeführt werden. Diese Operationen können zum Aufstellen einer Algebra verwendet werden. In der Literatur wurden bereits Arbeiten veröffentlicht, die diesen Weg aufgegriffen haben [Nehmer/Robinson 1997]. Das Aufstellen einer Algebra erlaubt eine formale Betrachtung der Funktionsfähigkeit bei der Ausführung der Operationen.

Ein weiterer möglicher Ansatz besteht darin, die Mengen und Relationen abzubilden auf Mengen zur Beschreibung weiterer Eigenschaften. Diese Vorgehensweise ermöglicht es beispielsweise, den Aufgaben einen Zeit- und Kapazitätenbedarf zuzuordnen. Auf der Basis dieser Abbildungen können dann Algorithmen zur Prozesssimulation ausgeführt werden. Diese weiteren mathematischen Betrachtungen können genutzt werden, um die Modelle und ihre Funktionsfähigkeit zu analysieren und zu beurteilen.

Weitere Möglichkeiten ergeben sich aus der Verfügbarkeit der einheitlichen Grundlage. Es kann untersucht werden, in wie weit neue Verfahren auf dieser Grundlage zusätzlich Aufschluss über Zusammenhänge im betrachteten Unternehmen geben.

Darüber hinaus kann untersucht werden, ob und wie auf der Basis einer mathematischen Beschreibung der Vorgang der Entwicklung der Software zweckmäßig unterstützt werden kann. Dies kann beispielsweise das Generieren von Datenbankschemata oder das Identifizieren von Stellen sein, an denen Algorithmen zu implementieren sind. Ebenso kann untersucht werden, ob zur mathematischen Beschreibung der Informationen und Aufgaben im Bauwesen selbst Werkzeuge zweckmäßig sind, wie sie beispielsweise bereits in der Wirtschaftsinformatik entwickelt wurden und bei der Modellierung von allgemeinen Geschäftsprozessen eingesetzt werden.

Die angesprochenen Möglichkeiten zeigen, dass eine einheitliche Grundlage für die Bearbeitung betriebswirtschaftlicher und baubetrieblicher Aufgaben in vielen Bereichen den Ausgangspunkt für weitergehende Arbeiten bilden kann. Dies betrifft nicht nur den fachlichen Aspekt, wie eine derartige Grundlage für neue Verfahren zu nutzen ist. Es ergeben sich Möglichkeiten in der Modellierung, der Simulation und in der Umsetzung der Ergebnisse in praxisgerechte Werkzeuge. Die Bearbeitung von Themen aus diesen Bereichen kann zu neuen Verfahren, Arbeitsweisen und Werkzeugen führen, die eine integrierte und aufeinander abgestimmte Bearbeitung der verschiedenartigen Aufgaben in Bauunternehmen ermöglichen und unterstützen.

Literaturverzeichnis

[AO]
Abgabenordnung, 23. Auflage, Beck-Texte im Deutschen Taschenbuch Verlag, München, 1999

[BGL 1991]
Baugeräteliste 1991: BGL, Bauverlag, Wiesbaden, 1991

[BKR 1987]
Baukontenrahmen BKR 87, Bauverlag, Wiesbaden, 1987

[Bergweiler 1989]
Bergweiler, Gerd: Strukturmodell zur Darstellung und Regeneration von Kalkulationsdaten, Dissertation an der TU Darmstadt, 1989

[Bundesinnung 1994]
Bundesinnung der Baugewerbe (Hrsg.): Rechnungswesen und Kontrollsysteme für das Baugewerbe/RKS Bau, Teil 3: Bilanz und Kennzahlen, Osterreichischer Wirtschaftsverlag, Wien, 1994

[Busiek/Ehrmann 1993]
Busiek, Jürgen; Ehrmann, Harald: Buchführung, 4. Auflage, Kiehl, Ludwigshafen, 1993

[BGB]
Bürgerliches Gesetzbuch, 44. Auflage, Beck-Texte im Deutschen Taschenbuch Verlag, München, 1999

[Broy 1992]
Broy, Manfred: Informatik Teil 1, Springer-Verlag, Berlin, 1992

[DIN 1999 a]
DIN Deutsches Institut für Normung e.V. (Hrsg.): GAEB Datenaustausch 2000 (GAEB DA 2000), Berlin, CD-ROM, November 1999

[DIN 1999 b]
DIN Deutsches Institut für Normung e.V. (Hrsg.): Verfahrensbeschreibungen für die elektronische Bauabrechnung: GAEB-VB 23.004, Allgemeine Mengenberechnung, Ausgabe März 1999, Beuth Verlag, Berlin 1999

[DIN/EDIBAU 1995]
DIN Deutsches Institut für Normung e.V. und EDIBAU (Hrsg.): Datenaustausch mit EDIFACT: Angebotsaufforderung, Angebotsabgabe, Auftragserteilung, Beuth Verlag, Berlin, 1995

[DIN 276]
DIN 276: Kosten im Hochbau, Beuth Verlag, Berlin, Juni 1993

[DIN 16557-2]
DIN 16557-2: Elektronischer Datenaustausch für Verwaltung, Wirtschaft und Transport (EDIFACT); Wörterbuch, Beuth Verlag, Berlin, Februar 1997 145146(UNSMs), Beuth Verlag, Berlin, April 1994 Deutsche

[KPMG 1999]
KPMG des IASC, Schäffer-Poeschel Verlag, Stuttgart, 1999

[DIN 16557-3]
DIN 16557-3: Elektronischer Datenaustausch für Verwaltung, Wirtschaft und Transport (EDIFACT); Allgemeine Einführung für Einheitliche Nachrichtentypen (UNSMs), Beuth Verlag, Berlin, April 1994

[DIN 69900-1]
DIN 69900-1: Projektwirtschaft; Netzplantechnik; Begriffe, Beuth Verlag, Berlin, August 1987

[Döring/Buchholz 1995]
Döring, Ulrich; Buchholz, Rainer: Buchhaltung und Jahresabschluß, 5. Auflage, S + W Steuer- und Wirtschaftsverlag, Hamburg, 1995

[Drees/Bahner 1993]
Drees, Gerhard; Bahner, Anton: Kalkulation von Baupreisen, 3. Auflage, Bauverlag, Wiesbaden, 1993

[dtv-Atlas Mathematik 1998]
dtv-Atlas zur Mathematik, Band 1, 11. Auflage, Deutscher Taschenbuch Verlag, München, 1998

[Duden Informatik 1993]
Duden Informatik, 2. überarbeitete Auflage, Dudenverlag, Mannheim, 1993

[Duden Mathematik 1994]
Duden Rechnen und Mathematik, 5. überarbeitete Auflage, Dudenverlag, Mannheim, 1994

[EDIBAU 1999]
EDIBAU e.V. (Hrsg.): Datenaustausch mit EDIFACT: Nachricht zum Austausch von Terminplanungsdaten , EDIBAU e.V., Berlin, 1999

[Gabler 1993]
Gabler-Wirtschafts-Lexikon, 13. Auflage, Betriebswirtschaftlicher Verlag Gabler, Wiesbaden, 1993

[HGB]
Handelsgesetzbuch, 34. Auflage, Beck-Texte im Deutschen Taschenbuch Verlag, München, 1999

[Hauptverband/Zentralverband 1996]
Hauptverband der Deutschen Bauindustrie, Zentralverband des Deutschen Baugewerbes (Hrsg.): KLR-Bau / Kosten- und Leistungsrechnung der Bauunternehmen, 6. Auflage, Bauverlag, Wiesbaden, 1996

[KPMG 1999]
KPMG Deutsche Treuhand-Gesellschaft (Hrsg.): International Treuhand-Gesellschaft Accounting-Standards: eine Einführung in die Rechnungslegung nach den Grundsätzen des IASC, Schäffer-Poeschel, Stuttgart, 1999

[Leimböck/Schönnenbeck 1992]
Leimböck, Egon; Schönnenbeck, Hermann: KLR Bau und Baubilanz, Bauverlag, Wiesbaden, 1992

[Mertens 1997]
Mertens, Peter (Haupthrsg.): Lexikon der Wirtschaftsinformatik, 3. Auflage, Springer-Verlag, Berlin, 1997

[Nehmer/Robinson 1997]
Nehmer, Peter A.; Robinson, Derek: An algebraic model for the representation of accounting systems, Annals of Operations Research 71, S. 179–198, 1997

[Olfert/Körner 1992]
Olfert, Klaus; Körner, Werner; Langenbeck, Jochen: Bilanzen, 6. Auflage, Kiehl, Ludwigshafen, 1992

[Olfert/Rahm 1994]
Olfert, Klaus; Rahm, Hans-Joachim: Einführung in die Betriebswirtschaftslehre, 2. Auflage, Kiehl, Ludwigshafen, 1994

[Olfert 1994]
Olfert, Klaus: Kostenrechnung, Kiehl, Ludwigshafen, 1994

[Pahl/Damrath 2000]
Pahl, Peter Jan; Damrath, Rudolf: Mathematische Grundlagen der Ingenieurinformatik, Springer-Verlag, Berlin, 2000

[Roschmann/Junghans 1993]
Roschmann, Karlheinz; Junghanns, Jürgen: Zeit- und Betriebsdatenerfassung, Verlag Moderne Industrie, Landsberg/Lech, 1993

[Scheer 1998]
Scheer, August-Wilhelm: ARIS - Vom Geschäftsprozeß zum Anwendungssystem, 3. Auflage, Springer-Verlag, Berlin, 1998

[Scheer 1995]
Scheer, August-Wilhelm: Wirtschaftsinformatik: Referenzmodelle für industrielle Geschäftsprozesse, Studienausg., Springer-Verlag, Berlin, 1995

[VOB 1999]
VOB/HOAI, 19. Auflage, Beck-Texte im Deutschen Taschenbuch Verlag, München, 1999

[Wedell 1993]
Wedell, Harald: Grundlagen des betrieblichen Rechnungswesens, 6. Auflage, Verlag Neue Wirtschaftsbriefe, Herne, 1993

[Wöhe 1996]
Wöhe, Günter: Einführung in die Allgemeine Betriebswirtschaftslehre, 20. Auflage, Verlag Franz Vahlen, München, 1996

Anhang
Verwendete Symbole

Informationen:

am	Aufmaß
ar	Abrechnung
bs	Bauteilsystem
bs_B	Bauteilsystem eines bestimmten Bauwerks
bt	Bautätigkeit
bt_P	Bautätigkeit, in einem bestimmten Projekt auszuführen
bv	Bauverfahren
dg	Dokumentation eines Geschäftsvorfalls
gp	Geschäftspartner
ma	Mitarbeiter
me	Material oder Einbauteil
mg	Maschine oder Gerät
mn	Nachweis über Material oder Einbauteil
mt	Beziehung zwischen Mitarbeiter und Tätigkeit
nb	Nutzungsbereich von Bauwerken
nb_B	Nutzungsbereich eines bestimmten Bauwerks
pb	Preisbildung
tk	Tätigkeit
tn	Tätigkeitsnachweis

Mengen:

AB_P	Angebotsmenge
AM_P	Menge von Aufmaßen
AR_P	Menge von Abrechnungen
BS_S	Menge von Bauteilsystemen
BS_B	Menge von Bauteilsystemen eines bestimmten Bauwerks
BT_S	Menge von Bautätigkeiten
BT_P	Menge von Bautätigkeiten, in einem bestimmten Projekt auszuführen

BV_U Menge von Bauverfahren
DG_U Menge von Dokumentationen der Geschäftsvorfälle
GP_S Menge von Geschäftspartnern
MA_S Menge von Mitarbeitern
ME_S Menge von Materialien und Einbauteilen
MG_S Menge von Maschinen und Geräten
MM_S Mengensystem von Mengen von Materialien und Einbauteilen
MN_P Menge von Nachweisen über Materialien und Einbauteile
MT_S Relation zwischen Mitarbeitern und Tätigkeiten
NB_B Menge von Nutzungsbereichen eines bestimmten Bauwerks
NB_S Menge von Nutzungsbereichen von Bauwerken
PB_P Menge von Preisbildungen
TK_S Menge von Tätigkeiten
TN_P Menge von Tätigkeitsnachweisen

C Menge der im Rechner darstellbaren Zeichen
K Menge der im Rechner darstellbaren Zeichenketten
Q Menge der im Rechner darstellbaren rationalen Zahlen
Z Menge der im Rechner darstellbaren ganzen Zahlen

Sachwortverzeichnis